新装版

思考の技術

エコロジー的発想のすすめ

立花 隆

評論家

696

中公新書ラクレ

新装版　思考の技術　エコロジー的発想のすすめ

目次

はしがき

本書の題名は「思考の技術」というが、これを見て、本文を読めばオレも少しは血のめぐりがよくなるのだろうかというような期待をいだかれても困る。この本は、テクニカルな思考技術の解説をめざした書ではない。私は、この本で、現代の危機と「ものの見方・考え方」を考えてみたのである。

人類は、その文明社会を、ここまで発展させてきた。そして今日、人類が考えることを怠らないことによって、この文明は崩壊をまぬがれ、継続されている。しかし同時に、マクロの目で文明の総体をながめてみたとき、誰しも万事うまくいっているとは思わないだろう。むしろ、考えが深い人であればあるほど、秘かな危機感をいだいているはずである。

一時期、バラ色の未来論がささやかれ、脱工業社会の到来が喧伝された。それは、マルキシズムにおける共産制社会と同じように、現代の方向の延長上に〝カナンの地〟があるという、願望と現実認識をとりちがえた、意図せざるプロパガンダでしかない。

本文の「遷移」の項で論じるように、工業社会の終焉と脱工業社会（その形態は別として）の到来そのものは、必然的に起きるだろう。しかし、多くの人が考えているように、脱工業社会は工業社会と地つづきの地にあるのではない。それは、もう一つの工業社会である社会主義社会と、もう一つの脱工業社会である共産主義社会についてもいえることである。

両者の間には歩いて渡ることができない巨大な亀裂がある。われわれの社会は、脱工業社会へ移行していくことはできない。可能なのは飛躍だけである。アメリカの経済学者K・ボールディングの用語を使えば、〝落とし穴〟に落ちこまないために、われわれは飛ばなければならないのだ。

何がその飛躍を可能にするかといえば、この文明の基調をなす考え方を変えることによってである。異質の社会は、異質の思考様式を必要とするのだ。

モーゼは、エジプトの奴隷であったイスラエル人をひきいて、約束された豊饒の地カナンに向かう途中、四〇年間にわたって荒野をさすらわねばならなかった。なぜかといえば、カナンはヤハウェ（エホバ）の神の地であるのに、イスラエル人は奴隷時代に信仰した金の仔牛の神、バール神への信仰を捨てきれなかったからである。ヤハウェ神は、彼らを四〇年間荒野をさすらわせる間に、彼らの信仰（思考）様式を徹底的に叩き直そうとし、それについて来られない者は地獄の火で焼き殺した。そして、頭の中がすっかり変わったことを確かめてから、カナンの地にはいることを許したのである。

われわれが直面している事態も、まさにこれである。下手をすれば、脱工業社会にはいる前に何十年かにわたって荒野をさすらうか、地獄の火で焼かれる恐れがある。ではどうすればよいのか。工業社会の思考様式を超えることである。

工業社会的思考を一言で定義すれば「技術の思考」である。マルクスが「貧困の哲学」を批判して「哲学の貧困」を論じたように、われわれは「技術の思考」を批判して、「思考の技術」を考え直さなければならない。

これは一朝一夕に片づけられる問題ではない。が、その最初の手がかりとして、われわれが学ぶべきものはエコロジー（生態学）の思考技術であろう。なぜエコロジーの思考技術が必要なのか。生態学的なものの見方、考え方によって、この世界がどうちがって見え、そして何がえられるのか。読みすすまれるうちにわかっていただけるはずである。

一九七一年五月

立花　隆

プロローグ――思考法としてのエコロジー

人類の危機と思考革命

公害問題の深刻化とともに、にわかに生態学が注目を浴びはじめた。早とちりのジャーナリズムは、生態学を現代の救世主であるかのごとく宣伝している。しかし、生態学それ自体は何も救うことができない。必要なのは、生態学的なものの見方である。実をいえば、生態学者のなかにも、まだ生態学的なものの見方を十分に身につけているとはいいがたい人びとがいる。

人類は進歩と繁栄を謳歌しながら、滅亡の淵に向かって行進しつつある。これだけは否定しうべくもない。もしかすると、人類はもう引き返すことができない地点まできてしまっているのかもしれない。あるいは、まだいくばくかの望みが残されているのかもしれない。ともあれ、もし望みがあるとして、その望みの唯一の手がかりは、人類がこれまで金科玉条としてきた思考様式の変革にある。つまり、生態学的に考えるようになることである。

生態学の思想は、ある意味で人類に精神的な革命を要求している。価値体系の転換を要求している。この革命を通過することなしに、人類の未来はない。人類という〝類〟が問題になっているだけではない。あなた自身が問題なのだ。生態学のセの字も知らずとも、生態学的なものの見方を身につけている人がいる。生態学を五〇年学んでも、生態学を知らない人がいる。

生態学的に考えることができるかどうか。この一点に、あなたがよく生きられるかどうかがかかっている。

どう考えることが生態学的に考えることであり、どう見ることが生態学的なものの見方に反することなのか。手っとり早く示すために、簡単なクイズから話をはじめよう。

〔問〕次の人物のうち、生態学的なものの見方を身につけていると思われる人物に〇印をつけよ。

①　佐藤栄作
②　糸川英夫
③　若杉末雪（元・三井物産社長）
④　十返舎一九
⑤　田村魚菜
⑥　毛沢東
⑦　カポネ
⑧　ワーグナー
⑨　レオンチェフ
⑩　ドストエフスキー

どの一人をとっても、生態学それ自体とは縁もゆかりもない人物のようである。問題はその思考法である。生態学的な考え方のそも何たるかをいわずに解答を要求することが無理難題であることは承知のうえで、ともかく、あてずっぽうでもいいから答えを出してみてほしい。

〝人事の佐藤〟は生態学者？

答えを先にいってしまうと、全員が〝それぞれの分野において〟という留保付きで○である。

佐藤栄作は、別名〝人事の佐藤〟という。およそこの人ほど、政界の人脈をすみのすみまで知りつくしている人間はほかにあるまい。彼が日本の近代政治史上、最長宰相連続在任記録を更新することができたのも、ひとえにこの能力による。彼の人事は信賞必罰ではない。あるときは敵にアメを与え、あるときは子分にもムチを加える。その的確さは憎いばかりの効果を発揮する。ほとんどすべての派閥と後継者候補とを骨抜きにして、圧倒的な四選をかちとることができたのも、政界の入り組んだ人間関係と、実力者たちの野心と思惑とを、〝人事〟によって巧みに操縦してきたからにほかならない。

佐藤栄作は〝人事の佐藤〟という点において、政治家のなかでは抜群の生態学者であるといえる。ただ残念なのは、〝政治の佐藤〟においてそうでないことである。

糸川英夫氏はシステムエンジニアとして、生態学的思考の体得者である。システムということばが一種の流行語になっているが、その元祖は糸川氏である。

システムエンジニアリングの考え方を、糸川氏は『未来をひらく着想』の中で、次のように平易に述べている。

Ⓐ考えられるだけの要素、知識、情報をならべたてること
Ⓑ要素、知識、情報の可能なあらゆる組み合わせをつくること
Ⓒできた組み合わせに採点、評価を与えること
Ⓓこのなかから最優秀なものを一つか二つ選択すること
理論的にはⒶⒷの二つのプロセスをシステム合成といい、ⒸⒹの二つのプロセスをシステム分析という。

この考え方は、生態学的思考の一つの典型にほかならない。ただ、後に述べるが、この考え方は両刃の剣であって、それを適用するレベルいかんによっては、人類にはむしろ災禍をもたらす。

もう一つ、糸川氏は七〇年以後は、システム産業の時代になるという見方を述べている。これまでの単なる商品を製造して売るという形での工業社会が一歩進んだ形として、

工業製品の組み合わせを売るシステム産業中心の超工業社会が生まれつつあるという見方だ。たしかにその通りだろう。それは、システム工学を学ばずとも、生態的に思考すれば、必然的に予想されることだ。

情報を生態学的に利用する総合商社

若杉末雪氏は、総合商社の社長という意味で名前をあげた。若杉氏の経営者としての手腕については正確な知識がないから、あるいはこの分野でもっと適当な人がいるのかもしれない。

ともあれ、総合商社、なかでも三井物産という会社は、世界でも他に例がない怪物会社である。俗に「ラーメンからミサイルまで」といわれるほど、およそ値段がつくものは何でも商品として取り扱い、その取り扱い品目は一万を越える。昔はなんでもかでも、右から左へ商品を流すことによって、サヤとり商売をしてきた。それが最近は、情報産業的コングロマリット化しつつある。最近どこの商社でも力を入れている食品コンビナートに例をとろう。

三井物産の一〇〇％出資で作られた甲南埠頭という子会社が神戸にある。この会社の持つ埠頭に七万トンクラスの穀物専用船が横づけになる。すると、巨大な真空掃除機のような装置で、アメリカ、カナダなどから運ばれてきた穀物がサイロに吸い上げられる。サイロからはベルトコンベアで、隣接している製粉工場、製油工場に穀物が送り込まれる。ここでできた油や小麦粉は、やはりベルトコンベアやパイプで、隣接しているラーメン工場、製菓工場へ送り込まれる。一方、小麦粉や油を作る際に出てきたカスは、これまた隣接している飼料工場へ送り込まれる。という具合いに、食品コンビナートに入ってきた原料は、そのまま製品となって搬出されていく。

こういったコンビナートのオルガナイザーになることができるのは、商社の情報能力による。より正確にいえば、情報を生態学的に応用していることによるのである。

十返舎一九をあげたのはほかでもない。『東海道中膝栗毛』の中で、風が吹けば箱屋が儲かると考えた男の話を書いているからだ。

弥次喜多が静岡県の蒲原の宿で同宿した六部（巡礼の一種）の話だ。彼は若いとき江戸に住み、その時分、夏から秋にかけて強風が吹きまくった。そのとき、こう風が吹いては、砂ぼこりにやられて、盲人がたくさん出るにちがいないと考えた。盲人のたつきの道として手っとり早いのは三味線の流し。盲人が数多く出れば三味線屋が繁盛するだろう。三味線の胴は猫の皮。三味線がどんどん売れれば、それにしたがって猫の皮が必要になる。猫狩りが盛んになって、世間の猫の数は激減するにちがいない。そうなると鼠の天下。鼠はどんな箱でもかじる。だから、どんな箱でも値上がりするにちがいない。と考えて、重箱から櫛箱（くしばこ）まで、ありとあらゆる箱を買い込んだというのである。

結局、この目論見ははずれて、箱はさっぱり売れず、この男、それによって世の無常をさとり、巡礼になったというのだが、この考え方の構造は正しい。これこそ生態学的思考なのである。この男の失敗は、考え方の適用にあるのであって、考え方そのものにあるわけではない。

包丁さばきの極意とは

田村魚菜は料理の名人という意味であげたので、これまた実は辻嘉一でも誰でもいい。料理というのは、一口にいうなら食物をよりうまくする技術である。この技術は三つの点において、生態学的思考を必要とする。

荘子は、包丁という料理の名人の話を「養生主篇」にこう記している。

戦国時代の魏の恵王が、包丁に命じて牛を解剖させた。見ていると、包丁の刀さばきは実に見事なもので、さながら舞を舞っているかのごとく見え、一挙一動がリズムに乗って、みるみるうちに牛がバラバラにされていく。

恵王が、さすがとほめると、包丁はこう説明した。

平凡な料理人は一カ月ごとに刀を換える。骨を切るからである。上手な料理人でも一年ごとに刀を換える。筋を切るからである。ところが包丁はすでに一九年も同じ刀を使って、数千頭の牛を解剖しているが、刀の刃は砥石にかけたばかりのようで刃こぼれひとつない。なぜかといえば、自然の筋にそって大きな隙間に刀を入れ、大きな穴に刀を導いていく。牛の生来の組織にしたがって刀を進めていくので、骨に刃を当てることはもちろん、筋を切ることもない。

これが包丁さばきの極意である。自然に従って、自然の組織を利用して料理すること。これこそ、生態学的思考の最も大事な面である。

料理の味つけにおいて、しばしば奇妙なことが行われる。隠し味というやつで、甘いものに塩を少し加えたり、塩からいものに砂糖を少し加えたりする。確かにそうすると、単純な砂糖味、塩味よりも、いっそう陰影に富んで、ひきたった味になる。また、料理は化学の実験ではない。だから、料理の本には、材料何グラムに対して、塩小サジ一杯とか、味つけの配合が書いてあるが、これは何もその通りにしなければ食えなくなるといったものではない。ありうべき味というのは、決して一様ではない。料理に関するこういった点も、生態学的思考に通ずるということができる。

毛沢東のゲリラ戦術

毛沢東の勝利は、その軍事的手腕によるところが大きい。毛沢東の遊撃戦論は、ゲバラのそれとならんで、いまなお最高のゲリラ戦指導書である。毛沢東のゲリラ戦術は、次の四行につきる。

敵進我退　敵が進撃してくれば退き、
敵駐我擾　敵がとどまれば攪乱し、
敵疲我打　敵が疲れれば攻め、
敵退我追　敵が退けば追撃する。

これは生態学的な戦術というべきものである。

カポネは説明するまでもなく、一九二〇年代のアメリカの夜の世界を支配したギャングの帝王である。カポネを生んだのは禁酒法である。「酒こそあらゆる社会悪の根源」と考えた禁酒運動家たちは、一四年間にわたって全米から法的にアルコールを閉め出すことに成功したが、同時に、ギャングたちに未曽有の甘い汁を吸わせてやることにも成功した。カポネはその全盛時代に、もぐり酒場二万軒、売春宿三〇〇〇軒、賭博場三〇〇軒を支配し、年に一億一〇〇〇万ドルも稼いでいた。

禁酒運動家の考えは、生態学的思考のアンチテーゼである。禁酒法がその例を示しているように、生態学的思考に反する行動は必ず失敗する。禁酒法のような無謀な法律を作れば、カポネのような男が必ず生まれる。これまた生態学の教えるところである。

ワーグナーの書いたオペラは、オペラとは呼ばれず、楽劇と呼ばれる。ワーグナーが楽劇でめざしたものは、彼自身のことばを借りれば、〝全体芸術〟である。人間存在全体を根源的に表現するためには、これまでのように芸術がジャンルにとらわれているべきではなく、美術、詩、音楽が融合して一体となった新しい芸術が必要であるというのが彼の主張である。

また、和声についても、独特の考えを持ち、〝無限旋律〟という新しい様式を生み出した。それまでの作曲家が、ほとんどすべて起承転結のクッキリしたソナタ形式を遵守して作曲していたのに対して、彼は、音の流れの全体性、一貫性をあくまでも貫こうとしたのである。

ワーグナーの無限旋律の考えは、シェーンベルクによって受けつがれ、ついに無調音楽に到達する。無調音楽というのは、ハ長調とかト短調といった調性を無視した音楽である。しかし、もともと、音全体の体系から考えてみると、ヨーロッパ音階の調性というのは一つのフィクションでしかなかったのだから、これは、音の世界を生態学的にながめてみたとき、当然の流れなのである。

生態学的思考の真髄

レオンチェフは、計量経済学の第一人者として知られる近代経済学者である。とりわけ、産業連関分析の手法の確立者として名高い。

社会の経済活動は密接に関連し合っている。自動車一台を作るために、どれだけ多くの産業が関連しているかを想像してみるだけでもそれはわかるだろう。産業連関分析というのは、経済社会の一部門での変化が、他の部門にどんな波及効果をもたらすかを考えようというものである。

これは生態学的な発想である。

従来の経済学では、人間は経済的に合理的な行動をとるものであるということを暗黙のうちに前提してしまっているが、計量経済学はもっと人間的に、ひかえ目に考える。つまり、人間の経済行為は多様な原因によってささえられており、しかも全体としては確率的な接近によってしかとらえられないだろうと考えるのである。これは生態学的にもきわめて正しい。

ドストエフスキーは、こう書いている。

「各人はすべてのことについて、万人に責任がある。」

あるいはこれは、責任感過剰の男の世迷い言ときこえるかもしれない。しかしこれは、生態学的思考の真髄を示すことばでもある。

どうだろうか。ここまでのところで、生態学的思考の方向が、おぼろげながらでもわかっていただけたろうか。あまりにもとりとめない話がつづいているようにみえたかもしれない。しかし、生態学的思考という点では筋が通っているのである。

アンドレ・ブルトンは『シュールレアリスム宣言』において、〝シュールレアリスム〟という新しい考えを示すために、こんな表現をしている。

サドはサディズムにおいてシュールレアリストである。ポーは冒険においてシュールレアリストである。ボードレールはモラルにおいてシュールレアリストである。ランボーは生活の実際、その他においてシュールレアリストである。（稲田三吉訳）

これと同じように、われわれも、「佐藤栄作は政界操縦術において生態学者である。糸川英夫はシステムエンジニアリングにおいて生態学者である。」ということができるわけだ。しかし、どの一人をとってみても、十分に生態学者（生態学的思考法を身につけた人という意味で）ではない。彼らは、生態学的思考の正しさを、それぞれの専門領域でたまたま経験的に体得しただけの人物である。

これから述べようとしているのは、いささか大風呂敷になるが、生態学的思考の基礎から応用まで、その全貌である。読みすすまれるうちに、なぜ生態学的思考法を身につけることがすべての人間に要求されているのか、自然にわかっていただけると思う。

Ⅰ　人類の危機とエコロジー

1章　エコロジーの登場

〝関係〟を対象とする生態学

生態学とは何か

まず、生態学（エコロジー）という学問がいかなる学問であるかという点から話をはじめよう。

生態学は、生物学の一分野である。生態学という名前の名付け親である一九世紀中葉のドイツの生物学者E・ヘッケルは、生態学をこう定義している。

「生態学は生物と環境および共に生活するものとの関係を論ずる科学である。」

エコロジーの語源は、ギリシア語の oikos（家、経済）＋ logos（論理）で、経済学のエコノミーと同じ語源である。生態学とは、生物界という自然の経済学であるといってよいかもしれない。

生態学という名前が生まれたのは、ヘッケルからだが、生態学そのものは、もっと昔からあったといってよい。生物学の歴史は古代ギリシアまでさかのぼることができる。しかし、一九世紀までは、生物学といえば、生物の分類、分布、生活様式などを観察して記述する自然誌的学問だった。これはいまでも生態学の重要な一分野に属する。つまり、生物学は生態学としてはじまったのである。

生物学はつい最近まで、自然科学のなかで、少しく低い地位に置かれていた。生物学は科学ではないと極言する人までいた。

科学が科学であるための条件はいくつかある。たとえば、論理的であること、客観性を持っていること、実証的であること……などがそれだ。科学の特質を一言でいえば、こうすればこうなるという理論を作ることだといえる。水素と酸素を化合させれば水になる。これは実験によって示すことができるという実証性を持ち、誰がやってもそうなるという客観性を持った法則である。なぜそうなるのかという因果関係を、原理にさかのぼって論理的に説明することができ、かつ、この関係を数量化して示すことができる。

化学、物理学は、こうした科学の備えるべき要件をすべて備えている。ところが、生物学となると全く事情がちがっていた。対象となる現象があまりに複雑なため、それを観察し記述することに精いっぱいで、原理的な探求にまで進むことができなかったのである。

現実の観察から、仮説を作ってみる。仮説に従って実験あるいは観察によって予想通りの結果が得られれば、仮説の正しさが証明されて、真理として受け入れられる。こんどは、その理論に従って、現実に手を加えてみる。これが技術である。科学によってささえられた技術が文明を作ってきた。

分子生物学の出現

少しやっかいな話をつづけたのは、科学、技術、文明の三つの関係をよくふまえておかないと、なぜ文明の現段階において生態学的思考があわてて求められるようになってきたかがわからなくなるからだ。

二〇世紀も半ば近くなって、つまり、つい二〇〜三〇年前から、生物学は突然思いがけぬ方向に急展開しはじめた。分子生物学の出現がそれである。

生物というのは、植物、動物を問わず、すべて細胞からできている。これまでの生物学は、細胞以上のレベルをその研究対象としてきた。人体を例にとれば、細胞の上に、筋肉などの組織、心臓などの器官があり、それが集まって人間という個体ができている。人間については、ここまでが生物学の対象で、人間の集団、あるいはそれが集まった社会などは、心理学や社会学などの研究対象となる。

分子生物学は、この生物学の下の限界を突き破って、分子レベルで生命現象を解明しようとする。これまで神秘的なものと考えられていた生命現象も、細胞を構成している分子の働きにまで還元して考えれば、水素と酸素で水ができるような化学現象と本質的には何の変わりもないはずだと考えたわけである。

一九三〇年代にはじまった分子生物学は、五〇年代にはいってから、驚くべきテンポで発展した。遺伝情報の解明、遺伝子の合成にすでに成功し、やがては生命の合成にまでいたるだろうといわれている。

分子レベルでの研究であるから、これまで生物学が科学にあらずといわれてきた客観性、実証性、数量化なども可能になり、いまや生物学の主流は分子生物学にあるかのごとくみられている。

分子生物学を生物学の一方の極とするなら、もう一方の極が生態学になる。つまり、生態学が研究対象とするのは、生物と生物の間の関係——同じ種内の関係と同時に、他種との関係も含む——さらに大きくは、生物と無生物、つまり物質界との関係、あるいは環境一般との関係——これには生物の一員としての人間も含まれている——なのである。

生態学を一言でいうなら、関係の学問といえるかもしれない。生態学的思考とは、正しい関係づけの上にたつ思考ということでもある。

オールドミスとイギリス海軍

生態学という名前はヘッケルからはじまったが、生態学の元祖は進化論のチャールス・ダーウィンであるといわれる。最初の生態学的な記述として、彼の有名な『種の起源』に、次のような話が記されているからだ。

イギリスの牧草地に主としてはえているのはアカツメクサである。アカツメクサの花は底が深い。だから、アカツメクサに受粉させることができるのは、ハチの中でも舌が特別に長いマルハナバチである。イギリスにはマルハナバチの数が多い。アカツメクサが繁殖できるのはそのためなのである。ところで、マルハナバチの天敵は野ネズミである。野ネズミはマルハナバチの巣をあさっては、幼虫をあさって食べてしまう。しかし、村や町の人家が多いところでは野ネズミの数が少ない。なぜかといえば、村や町にはネコがたくさんいて、野ネズミをとって食べてしまうからである。

ダーウィンが書いたのはここまでだが、イギリスの生物学者T・ハックスレーはこの話を受けて、さらにこうつづけている。

牧場でアカツメクサを食べるのは牛である。豊富なアカツメクサを食べて、牛がよく肥える。そこでいい牛肉が安くなる。世界に冠たるイギリス海軍の水兵たちが、牛肉を主食としてエネルギッシュに活動できるのもそのためである。一方、ネコの主たる飼主は、村でも町でもオールドミスである。だから、イギリス海軍が七つの海に君臨できる（当時）のも、オールドミスのおかげということになる。

この話は、生態学的関係を語るときによく引き合いに出されるものだ。もちろん、誇張された冗談ではあるが、真実の一つの面を伝えていることも否定できない。そして、この話は、先に紹介した〝風が吹けば箱屋がもうかる〟話にそっくりであることにも気づかれるだろう。

あるいはよくできたジョークとも受けとられかねないこうした関係の学問が、なぜ突然脚光を浴びだしたのだろうか。

環境無知が生む公害

直接のきっかけは公害である。公害とは何であるかといえば、文明のもたらした環境の破壊である。

二〇億年におよぶ生命の歴史のなかで、あらゆる生物は環境とのかかわり合いのなかで進化してきた。環境に最もよく適応したものだけが生き残ってきた。進化論にいう自然淘汰である。

環境が変われば、そこに住むことができる生物の種も変化する。逆に、ある生物が生きつづけるためには、ある限度以上に環境を変えないことが条件になる。魚を陸にあげれば死ぬと同様に、ネコの頭を水中に押え込んだままにしておけば死んでしまう。

環境を口にするのはやさしいが、環境の何たるかを知るのは、そう容易なことではない。その内容はあまりにも複雑である。早い話、人間が生存するために最低必要な環境条件が何と何であるのかさえわかっていない。環境に関しては、人間は驚くほど無知なのである。

生態学は環境の学問である。しかし、地質学が地質について、あるいは機械工学が機械について知っているようには、生態学は環境について知らない。生態学のいちばん大きな教えは、環境に対する人間の無知であるといっても過言ではない。だからといって、生態学がその価値をいささかでも減じるわけではない。ソクラテスのことばをまつまでもなく、「学」が人間に与える最大のものは無知の知であるからだ。

無知のうちにとどまっている人間は、驚くほど無謀なことをやすやすとやってのけることができる。タバコを食べて死んだ子供もいれば、アイロンを手でつかんで火傷した幼児もいる。こうした子供の愚かしさは、現在人類が総体として行っている文明という名の愚行に比べればものの数ではない。

ある日、池の鯉に知恵がついたとする。そして、池の水から麩を製造する機械を発明したとする。鯉はその機械を毎日運転して、好物の麩をたらふく食って大喜びしていた。ところが大変。しばらくするうちに鯉は息苦しくなってきた。いつのまにか、無限にあると思っていた池の水が少なくなってしまっていたのである。それと同時に、機械ができる前に食べていたプランクトンも少なくなってきた。機械を止めれば遠からず餓死。

運転しつづければ、遠からず、池が干上がって窒息死。

人間と文明と自然環境の関係は、ほぼこの鯉と麩製造機と池の関係に等しい。まだ絶体絶命の窮地というところまではきていないらしいが、そこまで行きつくのにそう時間はかからないだろうと思われる。生態学的視点が欠如していた結果である。

生態学とは文明のソフトウェア

生態学は技術ではない。したがって、ハードウェアを与えることはできない。生態学を学んでも、生産力や事務能力が向上するわけではない。生態学が教えるものは、技術をいかに用いるべきか、いかなる技術を発展させるべきかというソフトウェアである。

二〇世紀の今日にいたるまで、文明はハードウェアの改善をはかるのをもっぱらこととしてきた。しかし、アポロ計画が象徴するように、いまや、ハードウェアよりも、ソフトウェアの開発を進めることのほうがより大きな価値を生み出す時代にはいってきている。

ここで問題なのは、現代文明においては、ハードウェア、ソフトウェアともに巨大化したことである。出刃包丁のソフトウェアには、料理のほかに、鉛筆削り、紙・ヒモ類の裁断、動物・人間の傷害、殺害などが考えられる。出刃包丁のハードウェアもソフトウェアも単純至極であって、悪用ソフトウェアによる弊害は、きわめて小範囲にとどめられる。

ところが、コンピュータとなると、給料計算に用いることもできれば、脱税の計算に用いることもできる。飛行機の設計に利用もできれば、ミサイルの弾道計算に用いることもできる。アポロのシステム技術をもってすれば、地球破壊装置を作ることもたやすいことだろう。農薬製造のために開発された有機合成化学技術は、人類皆殺しに十分な量の毒ガスを明日にでも作ることができる。

善と悪の区別がはっきりしている場合はいい。しかし現実には、善悪の判断がつきにくいもののほうが多い。たとえば、モータリゼーションを進めることは、輸送力の増強、交通の便からいえば善、排気ガスによる公害、事故の激増という面からは悪。農薬の使用は、農作物の増産という面からは善、食物汚染、土壌汚染という面からは悪。

こうした是非のつけにくい問題に、正しい解答を与えてくれるものは、生態学的思考以外にないのである。なぜそうなのかは、生態学のアウトラインを述べていくうちにわかっていただけると思う。

自然界の全体を把握する

〝いかに〟を追求する

生態学と一口にいっても、いろいろな生態学がある。

生態学とは、読んで字のごとく生物の生活の容態を研究する学問である。その対象の種類によって、まず植物生態学と、動物生態学に大別できる。その中で、さらに細かくわければ、森林生態学、草原生態学、あるいは、昆虫生態学、鳥類生態学のように分かれる。また、植物と生物が結びついた生物群集を対象とする生物生態学という分野もある。

さらに、生物的自然の構造段階によってわければ、まず、生物個体と環境との関係を研究する個生態学、同じ種の集まりの相互関係を研究する個体群生態学、ひとつの地域に共存する幾つかの種の生物群のなかでの種間関係を研究する群集生態学、さらに、生物群集と非生物的環境の総合された物質系を対象とする生態系生態学がある。

特殊な性格の地域の生態学を取り出して研究するものとして、海洋生態学、湖沼生態学、河川生態学、高山生態学といった分け方もある。

生態学が、他の分野の科学ときわだった特徴を持つのは、それが、「いかに」（how）を一貫して追求してきたという点においてである。他の科学は、これに対して、「いかに」から出発して、「なぜ」（why）を追求する。「なぜ」を追求することによって、現象の因果関係をたどり、そのもとにある原理にいたろうとする。

リンゴが木から落ちる。なぜ、リンゴは落ちるのか？　重いから落ちる。なぜ、重いものは落ちるのか？　この「なぜ」をたどって、ニュートンは重力の法則を発見する。

物理学にしろ、化学にしろ、あるいは心理学にしろ、あらゆる科学は現象を観察することからはじまる。観察を深めていくと、現象と現象の間に相関関係を発見することができる。その相関関係を定式化したものが法則である。観察↓相関関係の発見↓定式化、このプロセスを帰納という。定式化された法則が集まり、一つの体系ができあがっていく。これが科学である。ここで問題なのは、帰納のために、現象の局部が取り出され、抽象化されていくことだ。

リンゴが木から落ちる。この現象全体を説明するには、重力の法則だけでは十分でない。リンゴの実の細胞と枝の細胞がいかなるつながり具合いになっているのか。リンゴの成熟度が、そのつながり具合いにどう影響を及ぼしていくのか。風の影響はどうだろうか。日射は関係しないのか。湿度や温度とはどんな関係があるのか。ニュートンがリンゴが木から落ちるところを見ながら、別の面に注意を向けていたら、彼は物理学者ではなく、生物学者になっていたかもしれない。あるいは、気象学者になっていたかもしれない。

ビルの屋上から人が身を投げる。心理学者は自殺の原因に目を向け、医者はそのときの死因が全身打撲にあるのか、頭蓋骨折にあるのか、動脈破裂にあるのかに関心を持つ。物理学者なら、落下速度しか気にしないだろう。

科学は自然の一部しか対象にしない

科学はいつも局部しか問題にしない。というよりはせざるをえないのである。現実の事象は、あまりにも複雑にからみ合った関係であるために、そのすべての関係を考えに入れようとすると、こんぐらかるばかりでまとまりがつかなくなる。

そこでこう考える。部分が全体を構成しているのだから、部分部分にバラして、単純な形にして考察していこう。このとき部分というのは、必ずしも空間的な部分だけを意味しているのではない。たとえば、磁石に引かれて動く鉄片の運動を考えるとき、そこには重力もかかっているはずだが、磁力の作用だけを考える。物理学は物質の物理的な性質だけを問題にし、化学は化学的性質だけを問題にする。

単純な部分に還元して考えるということは、純粋な状態で考えようということにつながる。たとえば、力学は物体の運動を考えるときに、その大きさを無視して、質点という点の運動を考える。空気抵抗を考えると面倒なので、真空中の運動を考える。学校で物理学を学んだ人なら誰でも覚えているように、その問題にはやたらに但し書きがつく。〝マサツ係数はゼロと考えよ〟〝気圧は一定とする〟〝温度は一定に保たれていると考える〟……。

化学でも、常に化学反応は純粋な物質の間で起こるものとされる。水は常にH_2Oで、いかなる不純物も含まないものと考えられる。むろん、現実には完全な真空は存在しないし、温度一定の状態もなければ、純粋な物質も存在しない。

全体が部分から構成されているにちがいはあるまいが、部分において真であることが、必ずしも全体において真であるとは限らない。また、部分のすべてを知ったとしても、全体を知ったことにはならない場合が多い。

野球のチームを考えてみれば、話が早い。メンバー全員の守備がうまくても、チームの守備能力がよいとは限らない。チームの戦力を知るためには、メンバー一人一人の守備能力、打撃能力を知る以外に、チーム全体のチームプレイ能力、監督の采配力などを知る必要がある。

科学は自然（人間をも含む）を対象とする。しかし、それぞれに、自然のきわめて狭い一部しか対象にしない。そのなかでひとり生態学は、あくまでも全体を対象にしようとする。海洋生態学は海洋しか対象としないが、それでも海洋全体を一つの生態系として見ていく。

対象を狭く限定すればするほど、科学は精密になることができる。反対に全体を問題にしようと思えば、あまりにも複雑怪奇、茫洋としてつかみがたくなってくる。対象を観察し、記述するのに精いっぱいで、なかなか相関関係の発見、それから法則の抽出へとは進まない。いわんや理論体系をつくることなど、困難をきわめる。

巨大な〝象〟に挑む

したがって、はっきりいって生態学には理論体系はない。生態学の現段階は、生物的自然という巨大な〝象〟を対象に、懸命に観察を積み重ねているところなのだ。

たとえば、倉沢秀夫信州大学教授、北沢右三東京都立大学助教授、坂本実名古屋大学助教授の三人が下北半島の泥炭地を調査した場合はこうだ。

ヨシの草原を、一平方メートルごとに区画して、そこの植物を全部刈り取る。それを茎と葉にわけて目方をはかる。さらに乾燥させてからの目方もはかってみる。次に、その土を掘り取って、土中にミミズやダンゴ虫などの生物がどのくらいいたかを、一匹一匹数えあげる。次いで、バクテリアがどのくらいいたかも顕微鏡をのぞきこんで数えあげるのである。こうして、土壌中の生物と、その上に生えている植物の相関関係を調べようというのだ。二〇カ所調べるのに一〇日間。それを二年間。気が遠くなるような話である。

あるいは野鳥の食生活を知るために、野鳥の巣のそばに陣取って、親ドリがエサを運んできてヒナに与えるたびに、ヒナの首を軽くしめて、そのエサの種類と数を調べあげている生態学者もいる。親ドリは一時間に平均一〇回エサを運ぶから、約六分間隔。素早くエサを調べてヒナに返してやらないと、親ドリに見つかってしまう。この調査を丸一日つづける。これまた大変な仕事だ。

あちこちの海水をくみ上げては、それを遠心分離器にかけ、顕微鏡でのぞいてプランクトンの数を数えている学者もいる。

こうした生態学者たちの無数の努力の積み重ねによって、しだいに自然の有機的な構造が浮き彫りにされてきつつある。

個々の生態学者たちの仕事は、博物誌的な記述に近いものだが、それでも、彼らは少なくとも謙虚に情報を交換し合うことによって、象の輪郭をつかみはじめている。

知識よりチエを

生態学者たちが、自然のあちこちで発見する相関関係は、まだ普遍的で客観的な法則化できるたぐいのものではない。それはいってみれば、〝治に居て乱を忘れず〟といった、古老のことばに見られるような経験の集積が生んだチエに近いようなものかもしれない。

科学も、もとをただせば帰納に発していることでわかるように、経験の集積である。しかしそれは、精密化を心がけるあまり、一面的で局部的な経験だけをとりあげて、そこから知識を抽出してくる。これに対して生態学のチエは、経験全体からにじみ出してくるようなチエなのである。

知識が優位に立つべきか、チエが優位に立つべきかは、論を待つまでもあるまい。部分において正しいことが、全体の中で正しいとは限らないからである。

冷暖房にはエアコンが一番。しかし、それをすき間だらけの日本家屋につけるのは意味がない。体を丈夫にするためには、タンパク質をつとめてとる必要がある。しかし、腎臓が悪い人には逆である。企業の生産計画を、営業サイドの売り上げ見通しだけをもとにしてたててしまうと、回転資金不足のために黒字倒産ということだってありうる。

これからわれわれが学ぼうとしているのは、生態学の与えるチエである。それは他の自然科学の与える知識ほど、もっともらしさはそなえていないかもしれない。

彫刻には、彫像と塑像とがある。彫像は、石材や木材を外から少しずつ削り取って、像を彫りあげていく。塑像は、芯になるものの上に粘土を少しずつ積み重ねていって像を作る。

生態学も他の自然科学も、自然の実像に迫ろうとしている点では同じだが、その態度にこの彫像と塑像のちがいが見られる。どちらも未完成のものであるから、自然の実像は両者のたどりついた地点の中間にあるにちがいない。だから、内側から外に伸びていく自然科学の知識、あるいはその利用法は、少なくとも、生態学の与えるチエを逸脱してまで外に伸びてはならないということがいえる。

2章　閉ざされた地球——エコシステム

エコシステムの発見

サブシステムの改良とトータルシステムの破壊

生態学の教える第一のチエは、自然全体が一つの有機的なシステムになっていることの確認である。

すべての科学は因果関係を追求し、その意味で自然のシステムの解明をめざしているといえる。だが、自然は単純なシステムではなく、複合システムになっている。自然全体の複合システムをトータルシステムとすれば、それに対して、個別科学が探求するものはサブシステムである。物理学は力学的システム、電気システム、磁力システムなどを解明し、化学は物質系システムを探求する。

そして、人間の文明は、知りえたサブシステムを技術によって〝改良〟することによって成立してきた。たとえば、歩行と荷を背負うことによって成立する原始的輸送システムを、車輪と動力機関の発明によって。採集と狩猟による自然の食物供給システムの利用から、農耕と牧畜による人為的食物供給システムの開発によって。そして、農耕においては、天敵による害虫駆除システムを、農薬による害虫撲滅システムに置きかえることによって。牧畜では、自然の繁殖成長システムに、育種学による人工交配、人為的肥満化などの手を加えることによって。

しかし、サブシステム内では有効に働く技術が、しばしばトータルシステムの中では弊害をもたらすのである。穀物増産のために用いられた農薬が、人体に吸収されて健康を害したり、あるいは、害虫のみならず、他の小生物を皆殺しにした結果、生態系のバランスがこわれて、逆に害虫の大発生をみたりということが起きている。

サブシステムの〝改良〟は、ちょうど整形手術で鼻を高くするようなものだ。鼻を高くして美しくなる顔立ちもあるが、前よりもっと珍妙な顔になる場合も多い。豊胸術では、乳房にシリコン樹脂を注入する。シリコン樹脂は老化することがない。だから豊胸術を受けた女性が老婆になると、しわくちゃの皮膚につつまれて、いつまでも胸のふくらみが豊かに残ることになる。

これと同じことが、自然が供給する材料のなかに、人工的なプラスチックという材料を持ちこんだことによって起こっている。

プラスチックには、さまざまの種類があり、それぞれ鉄鋼や木材に比較して、可塑性、不燃性、弾性、耐酸性などですぐれている。したがって、材料→加工→製品という工業生産システムのなかではなかなか便利な材料である。しかし、プラスチックは一様に腐らないという特性も持っている。自然物ならどんなものでも、鉄でさえ腐ってしまうので、この腐らないという特性もまた工業生産システムのなかでは、高評価を受けている特性なのである。

しかし、この特性あるがゆえに、プラスチックは自然というトータルシステムのなかでは、はなはだ困った存在となる。プラスチックを捨てても、豊胸術を受けた老婆の胸のふくらみのように、いつまでも変わらずに残る。金属のように自然に分解して土壌に帰るということがない。これを燃やせば分解することは分解するが、塩素ガス、青酸ガスなどの有毒ガスを放出する。

サブシステムの下手な改良はトータルシステムを破壊してしまう恐れがある。だからといって、サブシステムの改良のすべてが悪であるというわけではない。もしそうなら、われわれはネアンデルタール人のごとき生活を営まなければならないということになる。

閉鎖システムと開放システム

人間が文明を生み出してから数千年の間、われわれは自然のトータルシステムを考えに入れる必要なしにやってくることができた。それがなぜ今日になって、突然問題になってきたのだろうか？

それを理解するためには、システムには閉鎖システムと開放システムの二種類があることを知らなければならない。

閉鎖システムというのは、いってみれば家庭マージャンである。誰が勝っても負けても、家族内でのやりとりはあるが、家の外からお金ははいってこないし、出ていくこともない。家全体の収支決算をすれば、必ずプラスマイナスゼロになる。ところが、メンバーのなかに一人でも外部の人がはいってくれれば、その人の勝ち負けによって、お金がその家から流れ出していったり、はいってきたりする。こうなると開放システムである。

閉鎖システムと開放システムは、簡単にはどちらと決められない例が多い。同じシステムでも、そのレベルとレンジ（範囲）をどこに取るかによってちがう。

たとえば道路。都内の道路と限定すれば開放システムだが、日本国内の道路となると、島国であるから閉鎖システムである。世界の道路はどうか？　いくつかの閉鎖システムの集合である巨大な閉鎖システムである。システムのレンジのとり方によってちがう例である。

運輸システムとしての鉄道を考えてみる。列車は線路の外に出られないから、列車の動きからみれば閉鎖システム。しかし、列車によって運ばれる人、貨物の動きに着目すれば開放システムである。また、鉄道をエネルギーの面から考えてみると、外部から電気や重油の形でエネルギーの供給を受けねばならないから開放システムである。そのシステムをいかなるレベルにおいて考えるかによってちがってくる。また、時間の要素が介入してくるとちがいが出てくる。老朽化した列車は廃車処分され、新造車輛がはいってくるというようなことがあるからである。

企業は人の流れからいうと開放システムである。新入社員があり、退職者がいる。金の流れからみても開放システムである。物資の動きの上でも開放システムである。

こうした開放システムの中にはいってくるものをインプット、外に出ていくものをアウトプットという。そしていかなるシステムにおいても、インプットより大きなアウトプットを取り出すことはできない。これが自然の大原則である。

そんなバカなと思う人があるかもしれない。拡声器のシステムでは小さな声が大きな声に増幅される。工場では安い原材料で高価な製品を作っている。銀行に預金すれば利息がついて返ってくる。いずれも、インプットより大きなアウトプットがあるではないか、と。が、それは錯覚である。拡声器にはインプットとして声のほかに電気エネルギーがはいっている。このエネルギーを切れば、拡声器は働かない。工場には、インプットとして動力エネルギーのほかに、労働力がはいっている。銀行には、借金をして利息をつけて返済する人がいる。

自然の根底にある法則は、エネルギー保存則・質量不変則である。一口にいえば、無から有は生じないし、有が無に帰することもないということだ。自然はどこかでちゃんと帳簿尻を合わせている。インプットより大きなアウトプットが取り出せたと思うときは必ず、インプットに見落としがあるか、単位のとり方をまちがっているかのどちらかである。

開放システムのインプットとアウトプットが等しいということは、何を意味するであろうか。

開放システムが終局的なトータルシステムではありえないということだ。インプットの起源をたどり、あるいは、アウトプットの行方をたどっていけば、必ずその開放システムを包含するより巨大なシステムにたどりつくはずである。

宇宙システム・地球システム・エコシステム

考えうる最大のシステムとして宇宙システムが考えられる。このシステムについては、人間はまだほとんど何も知らない。宇宙の構造について、膨張する宇宙、膨張と収縮を交互にくり返す宇宙、膨張する一方絶えざる物質創生がつづけられて定常状態を保つ宇宙など、いくつかのモデルが提唱されているが、どれが正しいと確証することはできない。

この宇宙が開いているか、閉じているかについても定説がない。閉じているとする場合についても、空間的に閉じていて時間的に無限である場合、逆に時間的に閉じていて空間的に無限である場合、いずれも理論的に可能であるが、これもほんとのところどうなっているのかはわからない。

宇宙システムの次には銀河系システム、その次に太陽系システムがある。宇宙システムに比べれば、かなりよくその構造がわかっているとはいえ、まだ無知に近いといったほうがよいだろう。この両システムは、むろん宇宙システムに対して開いた関係にある。

その次に、われわれの地球システムがある。これについても、前の三つのシステムに比べれば格段の知識を持っているとはいえ、やはり、われわれはほとんど無知に近い。が、とにかくかなりうまくできたシステムであるらしい。

地球システムは、より高次の太陽系システム、宇宙システムなどに対して開かれている。たとえば、地球システムを動かす動力源はその大部分を太陽光線にあおいでいる。地球の熱平衡が保たれているのも、熱が宇宙空間に放射されているためである。宇宙線は地上の生物の生殖細胞に影響を与え、突然変異をもたらしたりする。

地球システムは、非常に複雑な複合システムである。それをさまざまの角度からとらえることができる。

生態学はその全体像を生態系（エコシステム）としてとらえる。エコシステムとは、生物群集と非生物的環境の総合された物質系である。エコシステムという考え方が成立したのは、一九三五年、イギリスの生態学者A・タンスレーによってであり、比較的最近のことになる。

エコシステムは、エネルギーにおいては開放系、物質においては閉鎖系として地球をとらえる。

厳密にいえば、地球は物質においても宇宙系に対して開かれている。宇宙線などのエネルギー粒子を別にしても、隕石の形で宇宙空間から物質が飛び込み、水素ガス、ヘリウムガスのように軽い気体は重力にさからって宇宙空間に拡散していく。しかし、こうした物質の動きは、ごく微々たるものであるから、地球の物質系に関しては、閉鎖システムと考えてよいだろう。

人間社会という閉鎖システムの盲点

文明史は、人間が自己の活動範囲として考える閉鎖システムの拡大の歴史である。が、そのつどとらえた閉鎖システムは真正の閉鎖システムではない。

たとえば、鎖国時代の日本がその好例である。当時の日本という社会のシステムは、長崎の出島という小さな窓をつけた閉鎖システムと考えられるかもしれない。少なくとも為政者はそう考えていたに相違ない。しかし、鎖国日本の漁業を成りたたせていた魚群はどうだろうか。日本人が呼吸していた大気中の酸素は、国内の植物だけでまかなわれていたものだろうか。農業を成立させていた気候の変化は何によってもたらされていたろうか。

人間はこれまで、社会のシステムに自然をその一環としてとり入れて考えることをしなかった。どんな社会システムも、一見閉ざされているように見えても自然というファクターに着目すれば、必ず地球システムに対して開かれている。

中近東の砂漠地帯には、無数の古代文明の遺跡が砂の中に埋もれている。ウル、ニネヴェ、マリ、バビロンなどの古代都市はもともと砂漠の中に作られたものではない。かつてそこは緑の自然におおわれていた。その中へ人間が都市という人工環境を作り出した。都市の社会システムの内部では、インプットとアウトプットのバランスをとっていたのだろうが、対自然という面ではインプットよりアウトプットを多く取り出した結果、緑の自然を収奪しついに緑を消滅させ砂漠と化せしめたのである。

地球システムと人類

驚くべき人類の繁殖力

地球システムの中における、人間の占める位置は量的にきわめて小さなものである。地球の半径は六四〇〇キロメートル。その周囲に生物は貼り付くようにして生きている。生物が生存する範囲は、高さはせいぜい数百メートル、深さは一番の深海生物が住む所でも海面から一〇キロメートルである。この範囲に生きている生物を全部集めて地球の周囲に均等に並べてみると、その厚みは驚くなかれ、一・五センチにしかならないのである。しかも、その九〇%は植物で、動物だけの厚みは一・五ミリにしかならない。動物の大部分は海の動物で、陸上動物はその二五〇分の一、つまり〇・〇〇六ミリの厚みしかない。

それでも現在、陸上動物の中で量的に最も繁栄している種族は人間である。二〇〇万年前、地球上のヒト科の動物は、わずか一〇万、二万五〇〇〇年前のクロマニヨン人の世代になっても三〇〇万程度だった。自然システムの中に組み入れられた形での人間の適正人口は、おそらくその程度でしかなかったのだろうが、人間は自然のシステムに自分に都合のよい改良を加えることによって急速に個体数をふやしはじめた。紀元元年には二億五〇〇〇万人、そして現在は三六億人と推定される。今日なお、毎日三二万人ずつ生まれ続け、一〇日間でクロマニヨン人の総人口に当たる人間がふえ続けている。

むろん、個体数だけとれば地球上には、バクテリア、微生物など人類よりはるかに個体数の多い種もあるが、重さまで含めて考えるとやはり人間が一番である。大雑把な計算によると人類の総重量は、約一億六〇〇〇万トンになる。これは、ほぼ陸上動物の四分の一であると見積もられる。だから厚みにすれば〇・〇〇一五ミリくらいになる。

半径六四〇〇キロメートルに対して、〇・〇〇一五ミリ。この微小な存在が地球システムに影響を及ぼすほどの存在になったということは驚くべきことではある。

人間は、まだこのことの重大さに十分気づいていない。それはなぜか？

システムは管理されねばならない

人間が人工的に作り出したシステムに関する限り、人間はそれが管理されなければ円滑に働かないことを知っていた。法体系には法の番人として、司法官、弁護士などからなる司法組織と警察が必要である。国家というシステムを働かすためには、行政組織が必要である。企業というシステムには経営者、管理職者が、労働組合には執行委員会が必要なのである。それを知っていたから、人間はあらゆる人工システムに管理者を置いて、システムの働きが止まらないように管理させている。

システムの管理において、なにがとりわけ大切かといえば、開放システムにおいてはインプットとアウトプットをうまく調節して赤字にならないようにすることである。閉鎖システムでは、その構造上サイクルを描いているものだが、サイクルがうまく回転しつづけるようにしなければならない。

再びマージャンに例をとれば、いくら家庭マージャンでも、メンバーの一人が負けに負けつづければ、手持ちがなくなり、ゲームの続行ができなくなる。そとから客を呼んだ場合に、客に取られっぱなしでは家全体が破産する。

企業システムも国家システムも破産しないためにはすべて赤字を避けなければならない。人間だって食べる以上に働き続ければ、栄養失調で倒れてしまう。

閉鎖システムのサイクル性において、気をつけなければいけないことは、エネルギーだけは決してサイクルを描かないことである。エネルギーは熱力学の第一法則によって、エネルギーをそのまま一〇〇%仕事に転化することはできない。もしそれができるとすれば、ダムを利用して発電し、その電気で用水ポンプを動かして水を上に汲み上げその水でもう一度発電し……という具合いに永久機関ができることになる。熱力学の第一法則が発見されるまで無数の人がこれに類した永久機関を作るために生涯を費やしたが、無論できるはずはなかった。

人間は、人工システムの管理は自分でやってきた。少なくとも人工システムの人工の部分についてはそうである。しかし、自然システムの管理は自然にまかせてきた。自然は、自然の法則によって自然システムを管理する。

人間は自然が自然法則によって管理されるシステムになっている、ということを知らないわけではない。というよりも、科学者の探究のモチベーションの根底には、自然がそうしたシステムであるにちがいないという信念がある。人工システムを作る技術者たちにしても、人工システムがどこかで自然を利用せざるをえないということを知らないわけではない。

しかし、知り方が問題である。端的な事実として知ってはいても、それが何を意味するかは十分に知らなかったというべきだろう。その事実が人間と人間の作ったシステムにいかなる影響を及ぼすかを知るためには生態学的思考によらなければならない。

自然が無限であるという誤解

有史以来人間は、自然に対して一貫して習慣性の誤解をいだき続けてきた。それは自然が無限であるという誤解である。自然からは代価を払わずに恩恵を受けることができるという誤解である。

たしかに自然は無料で物や作用を与えてくれる。自然の管理している地点まで行けばダイヤモンドでも金でもすべて無料で与えてくれる。自然の産物が有料になるのは人手を介してからである。山の清水は無料だが、水道は有料である。人工環境である都市の生活者には、ほとんどのものが人手を介してやって来る。だからほとんどあらゆるものに対して代価を支払わなければならないが、それでも、空気だけは無料で手に入れることができる。あるいは、気圧の恒常性、気候の規則正しい繰り返し、なども無料で手に入れているわけである。

人工システムと自然システムを併置して考えてみる。いま述べたように、自然システムから人工システムへの流れにおいて、人間は無料で何でも無限に利用できると思いつづけてきた。逆に、人工システムから自然システムへの流れ（これは廃棄という概念で総括されるが）、このプロセスにおいても人間はその無限の可能性を疑ってもみなかった。

実際、これまでの自然にはそれだけの包容力があったのである。半径六四〇〇キロメートルの地表、わずか〇・〇〇一五ミリのところにしがみついている人間にしてみれば、その誤解ももっともだといえるかもしれない。

人間の自然誤解の原因は、もっぱらこの自然と人間のスケールのちがいによる。それは、地球が球体であるにもかかわらず、人間には水平線が水平としか見えないのと同じことだ。

宇宙飛行船から、球体の地球が球体として見えたことは現代を象徴するできごとである。量的には微小な存在の人間が、文明という活動によって、地球の上では自然のスケールに匹敵するほどのスケールで活動をはじめているのである。まゆげの一本二本を引き抜くような整形手術なら顔の造作に何の影響も与えない。しかし、一〇〇本二〇〇本引き抜くとなると話は別である。三〇〇万のクロマニヨン人が毎日たき火を不完全燃焼させて一酸化炭素を排出させたところで、一ヘクタール当たり二万トンもの酸素があるのだから問題ではない。ところがアメリカでは、自動車工場、ジェット機などから、一九六五年の時点ですでに七二〇〇万トンもの一酸化炭素を大気中に放出している。その量はアメリカでも年を追って加速度的に増加し、後進国への文明の波及にともなって世界的な規模で増加している。もし、モータリゼーションがアジア、アフリカの後進国で、アメリカなみに進展すれば人類は確実に窒息死すると予測している学者もある。

自然システムはなぜこわれにくいか

スケールの問題とならんで人間の自然に対する誤解の原因となったものに、自然のシステムのこわれにくさがある。この、こわれにくさはシステムに組み込まれている緩衝作用によるものだ。よくできたシステムはすべて、フィードバック機構、遅延回路などによって緩衝力を備えているものである。

これについては、あとで詳しく述べるが、緩衝力を持たないシステムとは、たとえば、油圧機械のようなシステムを考えてもらえばよい。油圧機械では、パスカルの原理によって流体の一部に加えられた圧力がそのまま波及していく。ところが自然においては、パキスタンを襲ったサイクロンがベーリング海の水位を変動させることはない。あるいは、人工の経済システムをとってみても、東京のある一家庭の家計の赤字がイギリスの銀行の倒産と関係があるということはできない。緩衝作用のあるシステムでは油圧機械のように、入力部と出力部が直結していないからである。

ドストエフスキーの「各人はすべてのことについて、万人に責任がある」ということばは、人工システムをも含めた自然のシステムがトータルシステムを成しているという意味合いにおいては全く真実であるが、この緩衝作用を考えに入れれば必ずしも正しくない。藤圭子は、〝女のブルース〟を歌ったことによって、チャールズ・マンソンがシャロン・テートを殺したことにも責任をもたねばならないだろうか。

自然には〝生かさず殺さず〟の精神で

過去の文明を作った人間たちを見ると、文明圏という閉鎖システム、あるいはそれは長崎の出島やシルクロードという小さな窓の開いた開放システムといえるかもしれないが、いずれにしてもその閉鎖性の中でシステムを精緻に効率よく作りあげることに努力してきた。しかしその実、自然に対しては、そのシステムの底が抜けていることは意に介さなかった。

現代においてもこの傾向がそのままひきつがれている。西ヨーロッパ文明の拡大によって、世界は文明圏という意味ではほぼ一体になっている。それぞれの地域が国家を形成して、システムの閉鎖性を保とうとしているが、それはますますむずかしくなりつつある。

今日、各国家がお互いに一切の交渉をもたないということは不可能である。情報においても、経済においても世界は一体化しつつある。情報は翻訳によって交換され、経済は金、ドル、ポンドの世界通貨を媒体にして互いに結び合っている。強制力はないながら、国際法というものも一応存在する。宗教、政治の面においてはいちばん遅れているとはいえ、少なくとも共存しようという姿勢がみられる。ところが、異なる人工システムの間での、このような調整の努力にもかかわらず、お互いのシステムが相変わらず自然に対しては底が抜けていることは等閑視してきた。

すでにグローバルな文明が成立している以上、政治経済の社会システムがグローバルなものとして成立していないということだけでも、すでに遅れているといわなければならないが、文明の現段階はすでにそれ以上に進んでしまっている。

社会的なグローバル性だけでなく、自然のグローバル性をも考えに入れた文明のシステムの成立が要求されている。それは、地球のエコシステムを文明圏とする文明である。

その成立なしには、古代都市が砂漠に埋もれたように地球全体が荒廃して砂漠と化してしまうだろう。

人間が生存しつづけることが人間のあらゆる活動の根底の条件である。それはこれまで、問題にする必要がないほど当たりまえのこととして受けとられてきた。しかし人間の生存は人間をその一部として含むエコシステムが正常に働いているということが前提条件なのである。エコシステムを破壊すれば、人間の生存も当たりまえのことではなくなる。

江戸時代、百姓は苛斂誅求（かれんちゅうきゅう）をもってむごい支配を受けた。それでも為政者は百姓を遇するに、〝生かさず殺さず〟をもってした。殺してしまっては元も子もないからである。一人二人の百姓ならともかく、百姓という階級全体を殺してしまえば、士工商の残り三階級も、生存の基盤を失って亡びざるをえないからである。

われわれも自然を遇するに、この〝生かさず殺さず〟の精神をもってしなければならない。むろん、もっと余裕をもって自然を遇したほうがよいのではあるが、すでに陸上動物の四分の一が人間というところまで来てしまった以上、そんなのん気なことをいっていられる余裕はない。すでに、現在この瞬間、八・六秒ごとに一人ずつ、どこかの国で誰かが餓死しているのである。

自然からの報復

エコシステムの四要素

エコシステムをもう少し具体的にみていこう。まだその全貌をわれわれは知らないのだということを念頭に置いておいて貰いたい。エコシステムは、エネルギーの流れを除けば閉鎖系である。閉鎖系は先にも述べたようにサイクルからできている。エコシステムの中にも、いろいろのサイクルが複合されている。

まず、エコシステムを構成する四つの基本的要素がある。

① 非生物的環境
② 生産者
③ 消費者
④ 還元者

非生物的環境というのは、水、空気、土壌などのあらゆる物質に太陽光線を加えたものをいう。生産者とは、無機物質から有機物質を生産するもので、植物がこれに当たるといってよい。

消費者というのは、生産者が作った有機物を食べることによって消費するもの、つまり草食動物、さらに草食動物を食べる肉食動物がこれに当たる。還元者はバクテリアや菌類で、生産者や消費者の生命が失われた後にこれを分解して無機物質にかえす生物のことである。そこで、無機物質→（生産者）→有機物質→（消費者）→（還元者）→無機物質、というサイクルが成立する。このサイクルがエコシステムの骨格である。このうちのどれが欠けてもエコシステムは崩壊する。

エコシステムに限らずものの生産がかかわるシステムが完結するためには、この四つの要素が不可欠である。たとえば、経済のシステムを考えてみればよい。非生物的環境の代わりに原材料が置かれ、生産者の手で製品化され、消費者の手に渡る。消費者は、消費済みの製品をどうするであろうか。むろん、捨てる。捨てたあとはどうなるか。いろいろの運命をたどる。ちり紙交換のように廃品回収業者の手に渡って、それが、再び生産者の手に原材料として渡る場合には廃品回収業者が還元者として働いているわけである。

市町村の清掃課の手によってゴミとして引き取られてゆく場合には、その処理法によって二つに分かれる。焼却される場合には、燃焼によって無機物質にかえされるから、長い目でみれば、これは原材料にもどされたことになり、清掃課は還元者の機能を果たしている。しかし、埋め立てなどで単に別の場所に持って行って捨てられる場合には、還元者の役目を果たすのは自然界の微生物と自然の持つ化学作用である。家庭で廃品を焼却したり捨てたりする場合もこれと同じことだ。

ゴミに埋まる地球

こうした例でもわかるように、人工システムは自然システムを利用して成り立っている。もし自然が、人工システムから廃棄されるものを自然に還元することを拒否すれば、地球は、人工システムの廃棄物で埋ずまってしまう。そうしたくなければ、人間が一〇〇%還元者の役割を果たさなくてはならない。

ところが廃棄物処理には想像以上の費用がかかる。東京都の清掃局が処理するゴミだけで一日九六〇〇トン、これを焼却と埋め立て、ほぼ半々で処理している。つまり、半分しか還元者として処理していないことになるが、それでも一年間に三〇〇億円もの費用がかかる。しかもこの費用は経済成長率をはるかに上回る比率で増大しつつある。

現代の経済は大量消費によってささえられている。大量生産された製品は、大量消費される。大量消費された製品は、いずれ大量廃棄される。昭和四十五年一年間で、自動車は一三〇万台、テレビは三〇〇万台が廃棄されている。これが五年後には、自動車だけで五〇〇万台になると予測されている。

東京都では、日常捨てられるゴミ以外に、電機製品、家具などの大型の廃棄物を大掃除の日を決めて収集している。その量が二三区内だけで、昭和四十年に四万九〇〇〇トン、それが四年後の昭和四十四年には九万五〇〇〇トンと倍増している。

四十五年の夏に、東京・阿佐谷で八四〇〇世帯を対象に大掃除をした。清掃局ではこれまでのゴミの量の伸び具合いから、ゴミ量は二〇〇トン前後と予測して準備を進めていたところ、この日出たゴミはざっと四〇〇トン。ついに処理しきれずひどいところでは高さ五メートル、幅三メートル、長さ一五メートルのガラクタの山ができあがり、家に全く出入りすることのできなくなったところもあったほどだ。ついに清掃局ではこうした大型ゴミを大掃除だけで処理することをあきらめ、月二回大型ゴミの収集日を設けることになった。しかし、このまま廃棄物の量が年一五％を上回る率で増大していけば、いずれお手上げの状態になるだろうといわれる。

これは、人工システムがエコシステムの不可欠の要素である還元者の役割を無視してきたために起きた現象である。

優秀な微生物

これに対して自然の還元者の役割は驚くほど巧妙に、かつ精緻に作られている。自然の還元者は微生物と小動物である。ウイルス、バクテリア、カビ、アメーバのような原生動物、ダニ、ミミズなどがそれに当たる。

人間はこれらの微生物たちについて驚くほど知識が乏しい。たとえば、われわれが知っているバクテリアは二五〇万種類をこえるが、これは全バクテリアの一〇％にも満たないものと推測される。なにしろ数が多い。そのへんの土をスプーンに一すくい、すくいあげてみるとその中には、数十億から数百億の微生物が生きているのである。

現在、生物学の世界でＩＢＰ（国際生物学事業計画）という大規模な研究が進められている。これは地球上の生物の生産力はどのくらいあるか、生物と環境、生物相互の関係はどうなっているかを世界中で調べてみようという、生態学的研究である。これには世界六五カ国の学者が参加し、世界各地に指定された研究地域で研究にはげんでいる。それぞれの地域の生態系を数年がかりで徹底的に調べようという計画である。

研究地域の一つに志賀高原の「おたの申すの平」が選ばれている。三年前からここに多くの生態学者が集まって精力的な研究を進めている。ここで調べた結果によると一平方メートルの地面に住んでいる土壌動物は、ミミズなど六匹、ムカデ、昆虫の幼虫が三〇〇〇匹、大型のヒメミミズが五万匹、ダニ類が七万匹、トビムシが一〇万匹、線虫一八〇万匹、原生動物は一〇〇〇万匹を越え、バクテリアは一兆を越える。

ミミズはそのへんの落葉やゴミを土と一緒に食べる。ミミズの腹の中で植物の有機成分はコナゴナに分解されて土と混じり合う。そして食べた量の八五%を糞として排泄する。この土はミミズの消化のおかげで、やわらかくふっくらとした土である。だから肥沃な土地ほどミミズがたくさんいる。最近ではやせた土地にミミズを移して土壌を豊かにするという生態学的な農地開発も行われはじめている。

ダニも落葉や腐った木の枝をせっせと食べながらそれを糞として排泄することで土地

を豊かにしている。ダニというとすぐ、家ダニのような害虫を思い出して毛嫌いする人が多い。われわれが知っているダニは、人間の体をはじめいろいろな動物の体に寄生する寄生ダニである。しかし、寄生ダニは、ダニの中できわめて特殊な種類である。ダニの大部分はいま述べたような土の中に住む土壌ダニである。現在のところ、世界中で約一万種類ばかりのダニがいるが、それはダニ全体の五〜六%であろうと見積もられている。森林や草原の土の中には、まだ人間には知られていない何十万種類ものダニがいると推定されている。

線虫も、これまで害虫と思われてきた。農作物の根に寄生するからである。しかしこの線虫たちは、ミミズやダニが食べてこまかくなった落葉をもう一度食べなおしてさらに細断する。

落葉をダニやミミズが食べ、その糞を線虫が食べ、きわめて小さな破片に分解された有機物をこんどは、カビやバクテリアが無機物にまで分解する。あるバクテリアはタンパク質を分解し、あるバクテリアは炭水化物を分解する。あるバクテリアはタンパク質が分解してできたアミノ酸をさらに分解する。こういう具合いに無数のバクテリアがそれぞれの守備範囲で有機物を次々に無機物に分解していく。

植物のなかには、筋（すじ）と呼ばれている繊維質がある。これを分解するのは、キノコの中の菌糸である。菌糸から出てくる酵素が繊維質を溶かして、炭酸ガスと水に変えてしまう。シイタケとは椎の木のリグニン（繊維質）を分解する菌糸をもったキノコのことである。

微生物のこの分解作用を利用したのが酒作りである。ブドウからブドウ酒が、米のコウジから日本酒が、大麦からビールが作られるのはいずれも酵母菌が炭水化物を分解してアルコールを作るからである。

自然のこの見事な有機物還元のシステムを利用しないことには、人間はとてもやっていけない。

プラスチックの恐怖

この面で人間の愚かしさを典型的に示しているのは、先にもふれたプラスチックの問題である。

これまで述べてきたことでわかるように、人間の手だけで廃棄物を処理するのは効率が悪いし、コストもかかりすぎる。北九州市清掃事業局がゴミ処理の原価計算をしてみたところ、ゴミ一トン当たり七〇九〇円一〇銭也と出ている（ちなみに石炭の値段はトン四八〇〇円である）。だから廃棄物の処理に当たってはできる限り自然の手を借りるに越したことはない。ところがプラスチックは自然が絶対に処理してくれない。微生物の分解作用も受けつけず、化学的にも変化しない。捨てればそのまま残る。かといって、焼却しようとすると高熱を発して焼却炉を溶かし、煙突が三年でアメのように曲がってしまう。のみならず、青酸ガス、塩素ガスなどの有毒ガスを発生する。

このエコシステムにのらないプラスチックの量が年々増大している。現存容積でいうと、主要産業のうち鉄の三分の二、紙の四分の一、木材の一三分の一が、プラスチックにとって代わられている。わが国のプラスチック総生産量は年間四二〇万トン。これは世界の全生産量の一五%余に当たり、アメリカに次いで世界第二位の生産高である。

プラスチック生産の増大に応じて、廃棄物中のプラスチックの割合も増大している。東京では重量でゴミの五%、容積では一五%を占めている。焼却する場合にこれを別に取り出すことができない。そのため、焼却炉の寿命は著しく短くなっている。

産業原材料の不足にともなって、世界的にプラスチックの生産は急テンポで伸びつつある。ＯＥＣＤの予測では、一九六九年の世界の全生産量二七〇〇万トンが、一九八〇年には一億トンになろうといわれる。この時点で日本の生産量は二〇〇〇万トンに達すると推定されている。そのとき廃棄される膨大なプラスチックはいったいどうなるのだろうか？

いちばんおそろしいのは、捨てられたプラスチックが地表や海底をおおう結果、そこにいる微小な生物を窒息させてしまうことである。エコシステムは、そうした微小な生物をも、システムの中に組み入れていることで成立している。

エコシステムの破壊は、その一員である人間にも命とりである。プラスチックによる材料革命だなどといって喜んでいる間に、人間は、自分の手で自分の首を締めているのである。

過剰な栄養は禁物

同じような愚かしさが化学肥料の無定見な大量使用に見られる。

かつて農業では、糞尿を肥料として用いていた。畑にまかれた糞尿は土壌微生物たちの手によって分解され、栄養元素となって農作物に再吸収された。つまり、農村—（農作物）—都市—（糞尿）—農村、という植物性有機物のサイクルがあった。現在では、糞尿はほとんど海洋投棄され、農地にもどされるものは先進国ではきわめて少ない。代わって農作物に栄養を与えるために化学肥料がバラまかれる。したがって畑の土壌微生物は存在理由を失ってくる。化学肥料はすでにそのまま植物に吸収されるようなかたちになっているからである。そこへ農薬という名の毒薬が大量にバラまかれる。農薬によって害虫ばかりでなく土壌微生物も抹殺される。農薬を盛んに使う日本の田では、最近、肥料にしようとワラをまいたりしてもそれがなかなか腐らず、肥料にならない、という現象が起きている。土壌微生物が死んでしまったためである。

一方、土壌微生物が植物に供給する栄養は自然の見事なシステム設計によって、ほどよくバランスがとられているが、化学肥料の場合は、そのバランスを無視して大量に使用される。その結果収穫が増大したということも事実だが、それは自然の目から見れば、背伸びした収量増大なのである。

農地に雨が降ると、大量にバラまかれた化学肥料が水に溶けて流れ出す。農業用水の末端から出てくる水は、大抵、栄養過剰状態になっている。その過剰栄養で植物プランクトン、藻類が異常発生する。これらの植物群が、こんどは水中の酸素を食いつぶす。そこで植物群が共倒れになると同時に魚も窒息死するという現象が起きている。

最近、東京湾、瀬戸内海などで赤潮がしばしば起きている。赤潮というのは、異常発生したプランクトンが共倒れになり、その死体で海が赤っぽくなるものである。その原因は海水が過剰栄養状態になったことにある。過剰栄養の原因には、工場排水、都市下水などもあげられるが、農地から流れ出した化学肥料がかなりの比重を占めていることはまちがいない。

土壌微生物の中には、化学肥料を無機物に変えることができる微生物も無数にいるのだが、その能力の限界を越えて化学肥料をバラまいたうえ、その貴重な土壌微生物を農薬で殺戮したことがこの結果を招いたのである。

昔ながらの糞尿肥料中心の農業にもどれというのではない。ただ、人間の知恵が自然のエコシステムにとって代わる完全な物質循環系を作れない以上、エコシステムを破壊しない程度に人工的なサブシステム改良をとどめよということだ。エコシステムの破壊は、その一部である人間にとっても、命取りであるのだからである。

３章　生命と環境

生命の起源と水

海から生まれた生物

エコシステム（生態系）内において、物質は、無機物質→生産者→消費者→還元者→無機物質、という単純なサイクルを描いているだけではない。これを主流とするなら、いたるところに支流、傍流があり、そこで無数のサイクルが成立している。

まず無機物質内部だけの循環がある。無機物質が生産者によって有機物に合成される際に、排出されて無機物質界にもどるものがある。消費者も生活の過程で無機物質を排出する。こうした複雑なからみ合いを一口に説明することはむずかしい。そこで、エコシステムの非生物的環境の立役者である水と大気とについて、それぞれのサイクルを調べてみよう。

生物にとって、いちばん大切な環境は何かといえば水である。水が生物にとって重要であるのは、生命の起源が海にあったことによる。太古の地球において、いかなるプロセスをへて生命が誕生するにいたったかについては、幾つかの説がある。しかし、少なくともその舞台が海であったことについては、ほとんど疑いがない。

あらゆる生物の体内に最も多く含まれている物質は水である。人間なら体重の半分は水、両棲類のカエルで七七%、海中に住むクラゲだと九八%は水である。

その水分が体内のどこに含まれているかといえば、半分は細胞の中、残りは組織の間の体液、血液などである。いろいろの生物の体液を比べてみると、これが驚くほど一致している。そして、それがそのまま海水の組成に酷似しているのである。

生命は海の中にとけこんだ無機物質が、太陽光線、熱、雷などの作用で、億年という単位の時間をかけて、化学反応を起こした結果生まれたものであろうといわれる。あらゆる生物は細胞によって構成されているが、細胞とは、太古の海を細胞膜によって囲いとることによってできあがったものらしい。

生命とは、物質界の一部が囲いとられた閉鎖系で、外界との間に代謝と呼ばれる反応を通した交渉を持ちながら、自己の独立性を保っている物質系、ということができる。その物質系の中心は水で、水を離れてはいかなる生命も存続できない。砂漠の植物、サボテンも、その体内に見事な貯水装置を持っているから生きることができるのだ。

海外に移住する日本人が、異国にあっても、自分の周囲に日本環境を保存しているように、海から陸にあがった生物も、自分の内部に海の環境をたずさえてきた。それが体液であり、細胞液なのである。

この水分を維持しつづけていくために、人間は毎日二〜三リットルの水を必要とし、高さ二メートルのヒマワリは一日一リットルの水を必要とする。

水の自然循環

この生命の母ともいうべき水の自然システム内における循環を考えてみよう。太陽熱によって、海から水が蒸発し、やがて雨となって地表に降る。地上に降った雨は、土壌に吸い込まれたあと、川や地下水の水路を通ってやがて海に流れる。雨が海への長い旅路をとる過程で、植物に吸いあげられ、動物に飲まれ、あるいは工業用水として利用されるという具合いに、海↓雨↓川↓海というこのサイクルには、さまざまの遅延回路が付属している。海の水全体がこのサイクルを一回りするために約四万三〇〇〇年かかっている。

日本列島に例をとって、この水のサイクルを数量的に述べてみる。雨、雪によって日本列島には年間約六〇〇〇億トンの水が降ってくる。この六〇〇〇億トンは三分される。まず二〇〇〇億トンが降水後まもなく海へそのまま流出してしまう。もう二〇〇〇億トンが蒸発することによって空中にもどってゆく。水は至る所で蒸発している。川や湖の水面から。植物の葉から。動物の体表から。地表から。

残る二〇〇〇億トンが海へのいちばん長い道程をたどる。土壌の水分となって少しずつ移動しながら、あらゆる生物の水環境を作って行く。この二〇〇〇億トンのうち人間が利用しているのは約三分の一の七〇〇億トン（一九六五年）である。七〇〇億トンの内訳は、農業用水五〇〇億トン、工業用水一三〇億トン、都市用水七〇億トンである。

生物にとって水がいかに大切であるかは、その土地に水がどれだけ供給されるかによっていかなる生物がそこに住めるか決まることによってもわかる。生物の地理的分布の範囲を示す概念として、バイオームということばがある。ツンドラ、砂漠、草原、落葉樹林帯、針葉樹林帯といったものがそれである。

バイオームは水の供給だけで決まるものではない。最高・最低の温度、季節変化、太陽光線の量、土壌の性質などがバイオームを決定する別の要素である。これらの要素の中で、水はかなり決定的な役割を担う。たとえば、他の条件が一致していてもその土地の年間の降水量が五〇〇〜六〇〇ミリ以上あれば森林になるし、二〇〇〜三〇〇ミリならば草原になってしまう。

バイオームという概念は、人間の社会システムにも持ち込めるだろう。土地は、人間の利用のし方によって、都市、農村、工業地帯などに分けられる。それぞれにいくつかの立地条件がある。工業地帯ならば、エネルギー供給、労働力供給、交通通信の便がそれだが、工業用水が確保できるかどうかもまた決定的な条件の一つである。都市にしても、農村にしても水は不可欠の立地条件である。人類と文明の発祥の地がすべて大河のほとりにあったこと、現代の大都市がすべて川を中心にできていることなどでも、それはわかるだろう。富士市の製紙工場群によるヘドロ公害も、そこが富士川という豊かな水利に恵まれていたが故の悲劇である。

生命の原料を運ぶ水

水の主な機能の一つに運搬作用がある。エコシステムのサイクルは水による物質の移動なしには成立しない。生物のからだはさまざまの元素によって構成されている。その大部分は炭素、水素、酸素であるが、それだけではなく、多くの種類の無機物質が必要とされる。

人間のからだを例にとれば、カルシウムがなければ骨ができず、リンがなければ筋肉を動かすことができない。マグネシウムやナトリウムが欠けると成長が止まる。血清の中のカリウムが不足すると随意筋がマヒする。鉄分と銅がなければ血液の中で酸素を運搬するヘモグロビンができない。コバルトがなければビタミン不足になり、マンガンがなければ生殖腺がおかしくなる。塩素がなければ胃液ができず、ヨードがなければ甲状腺腫、粘液水腫などの病気になる。

これらの無機物質は、自分では動くことができない。風に運ばれる、動物に運ばれるということもあるが、なんといっても、水に溶けて運ばれることがいちばん多い。無機物質が生産者である植物に吸収されるときも、水に溶けた形でなければ吸収されないのである。植物、あるいは動物の体内においても、物質の移動は水なしでは不可能である。

水の運搬作用というと、船やイカダ、あるいは川が押し流す土砂などを想像する人が多いが、こうした水のミクロの運搬作用なしには、いかなる生物も生きていくことができないのである。

億年単位の地質学的サイクル

ところで、先にあげたような生命を作る無機物質がどこから出てくるかといえば、元をただせば岩石と火山ガスである。その岩石の方も元はといえば、地球の内部にあるマグマ（岩漿（がんしょう））が、火山から流出してきて固まったものである。

地球の起源をたどると、かつては太陽ガスのような高温ガスの塊が冷えて地球になったのだという〝火の玉起源説〟が有力だったが、いまはむしろ低温の粒子が集まって、引力によって重いものが内部に固まり、ウラニウムなどの放射性元素が崩壊する際に出す放射エネルギーによって内部が高温の熔融状態になったのであろうという〝低温起源説〟が主流になっている。そして大気や海は地球の内部から噴出してきた火山ガスによって供給されてきたものであろうと推測されている。この意味で、やはり半径六四〇〇キロメートルの地球が表層一・五センチを占める生物の在立基盤となっているのである。

M・K・ホーンの研究によると、火成岩一・二キログラムと火山ガス一キログラムから海水一リットル、大気三リットル、水成岩一～二キログラムができている。そして海底に沈澱した物質は岩石となって、地質学的な運動にまき込まれマントル対流にのって地球の内部へ帰ってゆく。それは長い長い年月を経た後で、今度は火山からマグマや火山ガスとなって地上に噴出する。ここにエコシステムのバックグラウンドを成す最も巨大なサイクルがある。これを地球化学サイクルと呼ぶ。図1、2に示したものがそれである。

マグマというのは熔融状態の岩石のことで、これは地殻の下部にあるマントル層から火山という穴を通って地表に出てきたものである。マントル層はマグネシウム、鉄、珪素の酸化物が熔けた状態にあり、さらにその下部にあるコアという部分では鉄と珪素が熔融状態になっているといわれる。

地球化学サイクルのうち、水の循環と大気の循環によって担われるサイクルを外部サイクルと呼び、マントル↓マグマ↓陸地↓海洋↓マントルという地質学的サイクルを内部サイクルという。外部サイクルは先にも述べたように海水全部が一回りするのに四万三〇〇〇年しかかからないが、内部サイクルのほうは何十億年という単位で動いている。

図1　地球内部の構成

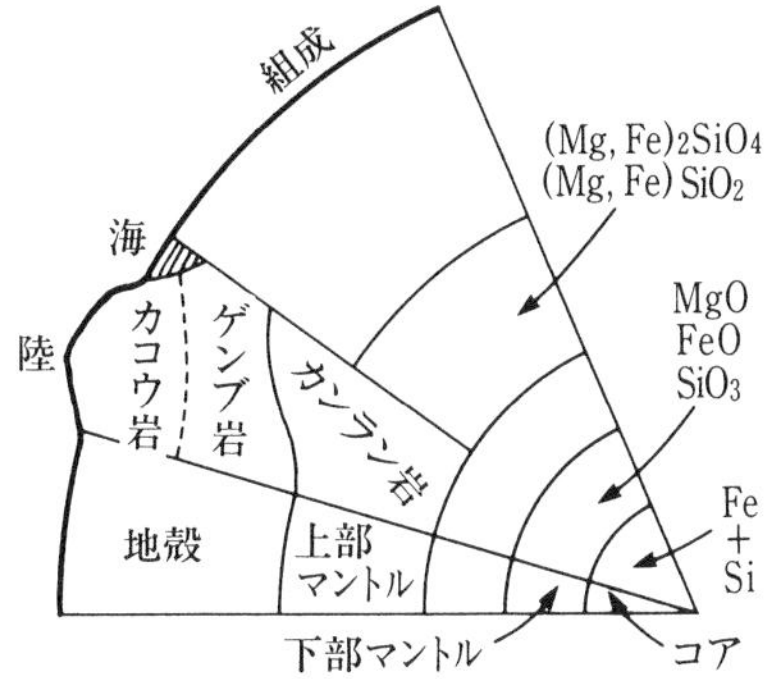

図2　地球化学サイクル

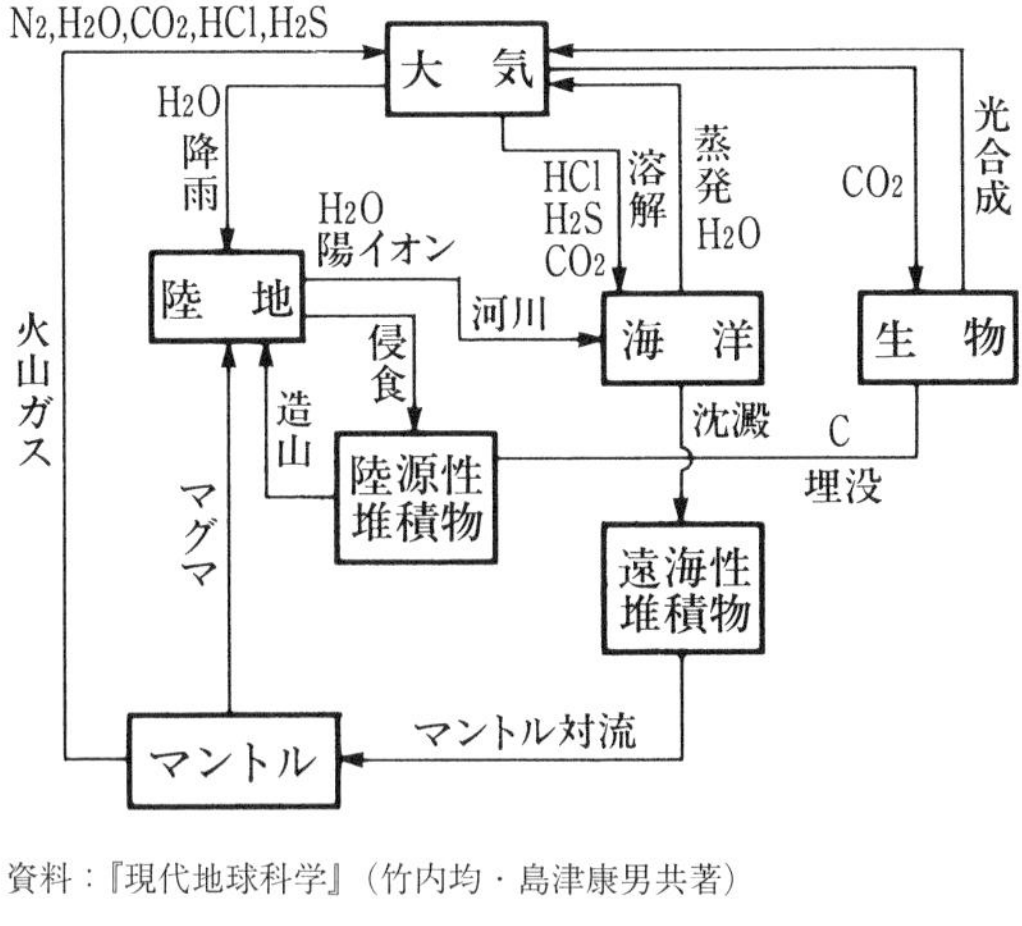

資料：『現代地球科学』（竹内均・島津康男共著）

この地質学的サイクルに比べると、エコシステムのサイクルなどあまりにも小さい話のような気がしてくる。が、その小さいエコシステムのサイクルすら考えてみようとしなかった人間には、地球の主人公ヅラする資格はなさそうである。

水の働きに話をもどそう。地上に降った雨は岩石を浸食して、岩石に含まれていたマグネシウム、カルシウムなどの塩分を海まで運搬して行く。運搬の途中で生物がそれを吸収して、生体を作ることができるのである。現在、世界の河川が運搬している塩分の量は毎年二七億トンにものぼる。

自浄作用を失いつつある河川

水の流れが担う機能は運搬作用だけではない。水は多くの植物、水棲動物、両棲類などに住む場所を提供する。それらの生物群がエコシステムの最も重要な一環を占めている。

生物系としての河川の重要な働きの一つは自浄作用である。昔から「流れる水は腐らない」といわれる。川の上流でちょっとやそっと糞尿を流したとしても、下流でその水を飲む人は別に中毒したりしない。川には有機物を食べるバクテリアがいる。そのおかげで、枯れ木、朽ち葉や、動物の糞尿や、死骸が流れ込んでもバクテリアがこれを食べて自然にきれいな水になる。しかしそれにも限度がある。バクテリアの能力以上に有機物が流れ込んだ場合、あるいはこれまで自然にはなかった人工の有機物、つまりプラスチックや中性洗剤が流れ込んだ場合は浄化されない。

パルプ排水などでも、その量さえ河川の自浄能力を越えなければ、ちゃんと浄化してくれる。ところが、先進国の河川ではほとんどがこの限界を越えている。東京の隅田川は無論のこと、いまや、多摩川までもドブ川と化しつつある。東京都水道局では、多摩川の汚染があまりにひどいため、四十五年ついに玉川上水場からの取水の中止を決めた。東京だけではなく、河川の汚染による水道用水の水質汚濁が全国で問題になっている。四十三年に水質汚濁によって取水や排水の中止が一九一件も起こり、被害を受けた人は延べ二〇九四万人、国民の約五分の一にも及んでいる。

水はいったいどこから来るのか。水はいまでも火山ガスから少しは供給されているとはいえ、その量は大きなものでない。そして、地球創成期の火山ガスとちがって、現在の火山ガス中の水分は、そのかなりの部分が海底から地球の内部に吸い込まれていった水が循環して出てきたものと推定される。つまり、現在地球システムを循環している水系は、ほぼ完全な閉鎖系と考えてよいのである。閉鎖系である以上、この水は大切に使わなければならない。

窒素・炭素循環

タンパク質合成を担う窒素循環

水蒸気を除く大気の構成は、七八%が窒素、二一%が酸素、〇・〇三%が炭酸ガスというところが標準である。このほか大気にはアルゴン、ネオンなどの希ガスが含まれているが、あまり重要ではない。重要なのは前記の三物質である。この三つの物質が重要なのは、窒素はタンパク質の合成に、酸素は生物の呼吸に不可欠であり、炭酸ガスは緑色植物がそれを原料として光合成により有機物を生産するためである。

そこで、この三つの物質がそれぞれ自然界でどのように循環しているかを考えてみよう。

窒素の循環の大略は、図3のようになる。窒素を炭水化物と化合させてタンパク質を作るのは、基本的には、植物の働きである。ところが、植物は空気中の窒素をそのまま

図3　窒素の循環

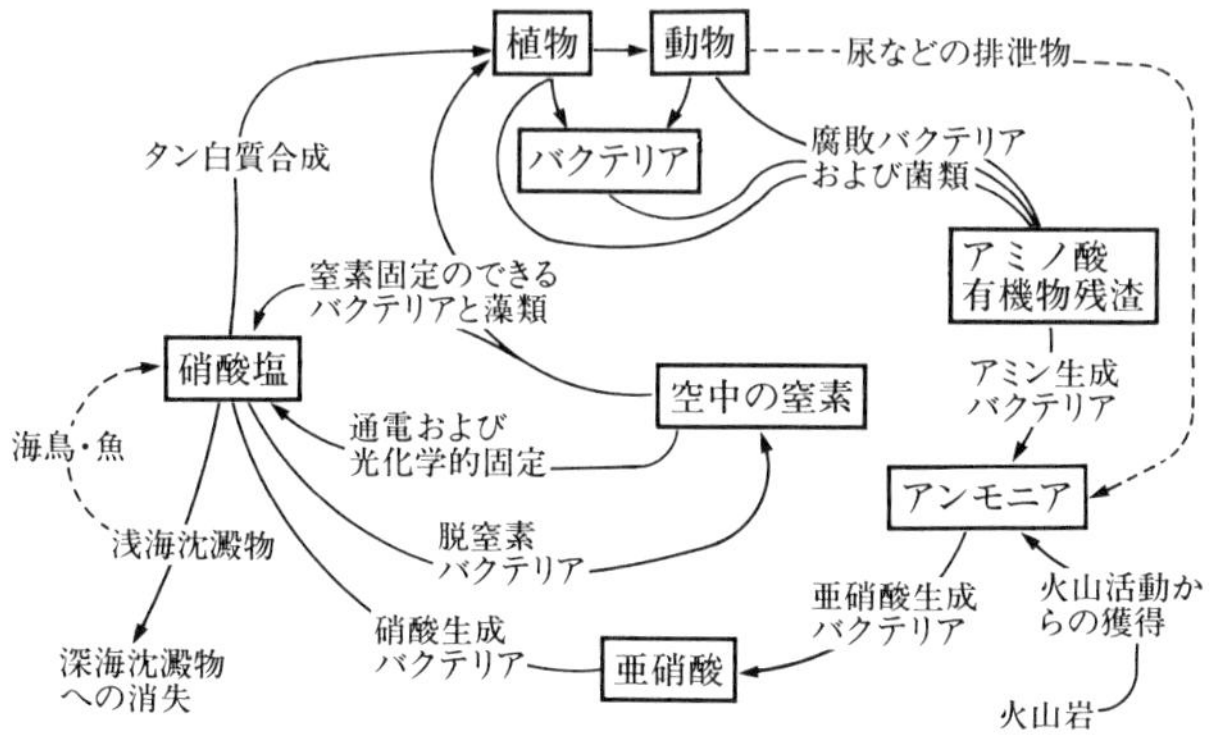

資料：『オダム・生態学』（水野寿彦訳）

では利用できない。硝酸塩という窒素化合物の形で、水に溶け、根から吸収されてきたものでなければ利用できない。つまり、この窒素サイクルを成立させるためには、なにものかが、窒素を硝酸塩に変えてやる必要がある。そのプロセスは窒素固定と呼ばれる。

自然界で窒素固定ができるのは、生物ではマメ科の植物の根に寄生している根粒バクテリアと、特別な種類の藻だけである。

このほか、雷雨のときに、空中電気の放電の助けを借りて、窒素は水と化合して硝酸になる。硝酸塩は植物に吸収されてタンパク質に合成される。このタンパク質がなければ、あらゆる生物が生物たりえない。

植物タンパク質が動物に食べられると、ア

ミノ酸に分解された後それが再構成されて、動物タンパク質となる。動物はそのタンパク質で自分の肉体を作り、やがて死ぬ。死んだ肉体は還元者たる微生物の手に渡り、バクテリアの働きでアンモニアに変えられる。それとは別に、タンパク質が、動物の体内で分解してアンモニアとなり、排泄物として体外に出されてくるという道筋もある。

動物に食べられなかった植物タンパク質は、やがて枯死し、これまた還元者であるバクテリアの手によってアンモニアに変えられる。一方、火山活動からもアンモニアが供給される。

窒素と水素の化合物であるアンモニアは酸化されれば亜硝酸となり、もう一段階酸化されれば硝酸塩となる。その役目を担っているのが、亜硝酸バクテリア、硝酸バクテリアと呼ばれるバクテリアで、地中に無数に生息している。

ところがバクテリアの中には脱窒素バクテリアというのもいて、これによって亜硝酸、硝酸は分解されて元の窒素にもどり大気中に帰っていく。このバクテリアに分解されなかった硝酸塩は再び植物に吸収されて、もう一度このサイクルを回るわけである。

技術の発達は人間も窒素固定者の一員に加えた。ダイナマイトの原料であるニトログリセリンは硝酸を原料とする。硝酸は、硝石を原料として製造されていたが、第一次大戦中この原料不足に悩んだドイツで、空中窒素の工業的固定法が開発され、現在では、アンモニア、硝酸はほとんどすべて空中窒素を原料として製造されている。

この技術が化学肥料を生んだのである。畑にまかれた窒素肥料も、脱窒素バクテリアの手で、再び空中にかえされてはいるのだが、このプロセスが化学肥料の過剰使用と農薬によるバクテリア殺戮のために、バランスを失いつつあることは先にも述べた通りだ。

図3では左下の、「深海沈澱物への消失」と、右下の「火山岩」のところで、システムが開いているように見えるが、実はこの両者は、前に述べたように、地質学的な地球化学サイクルによって結び合わされているのである。したがって、窒素循環は閉鎖系である。閉鎖系では、家庭マージャンの例でわかるように、メンバーの一人が勝ちすぎればゲームはストップする。人間は自然の中ではメンバーの一人にすぎないことを念頭においてゲームをプレイしていかなければならない。

エントロピー増大の原則

酸素と炭酸ガスの循環については、「炭素の循環」という形でまとめて考えてみることにする。なぜなら、生物的自然における最も基本的な物質循環は炭酸ガス＋水→炭素化合物＋酸素、炭素化合物＋酸素→炭酸ガス＋水という形をとっているからである。
はじめの炭酸ガスと水から炭素化合物が作られるプロセスは、植物が太陽光線と葉緑素の助けを借りて行うもので光合成と呼ばれる。炭素化合物が酸素と結びついて水となるのは燃焼である。

ところで、自然界には、エントロピー増大という大原則がある。エントロピーとは無秩序さを表わす尺度である。これはどういうことかというと、自然は放っておけば、どんどん無秩序になっていくものだということを意味する。逆にいえばどんなものでも、より無秩序にするには何の苦労もいらないが秩序を保つためにはそれなりのエネルギーを必要とすることを意味する。

たとえば水の場合をとりあげてみよう。水のいちばん秩序ある状態は氷である。氷はその秩序を保つためにエネルギーを投入して冷却しつづけないと、どんどん秩序を失って溶けて水になってしまう。水を放っておくと、さらに秩序を失い蒸発して水蒸気になる。水は一カ所に固体としてとどまっているが、水になると器にでも入れておかない限りどんどん低い所へ流れて行こうとする。それが気体になると空間を無限に拡散していってしまう。

エントロピー増大の法則は至るところに見い出される。会社は経営者の経営努力が不足すればやがて倒産して、雲散霧消してしまう。国家も為政者の統治努力が不足すればアナーキーになる。男と女の仲もはじめは恋愛エネルギーを利用して結婚の方向にエントロピーを減少させるが、そのエネルギーが消失していくに従って倦怠期が訪れ、そのままエネルギーの減少が続けば離婚ということにもなりかねない。

また、交通整理をやらなければ、道路は好き勝手に走る自動車でたちまち混乱する。時計はねじをまかなければ止まる。生きがいを失った人間は無気力になる。勉強しなければ成績はガタ落ちになる。これすべてエントロピーの増大である。

低エントロピー生物・人間

生物というものを考えてみると、これは物質が驚くほど秩序ある状態にまとまったものである。その秩序を維持してゆくことが、生きるということにほかならない。つまり生物は、低エントロピーの状態を保持しつづけなければならないのである。エントロピーを低く保つためにはエネルギーがいる。

生物のエントロピーがどのくらい低いものかを端的に示すものとして生体を構成する

分子について考えてみよう。自然界でいちばん簡単な分子は水素分子でその分子量は二である。タンパク質、炭水化物などの生体を構成する分子は生体高分子と呼ばれ、その分子量は一万から一〇〇万以上にも及ぶ。こういった分子が細胞一立方ミクロンの中に、約四〇〇億個も含まれている。

たとえば人間の細胞の一つである赤血球一つの中には、二兆六〇〇〇億個もの生体高分子が含まれているのである。そしてこの細胞が六〇兆個も集まって、その全てが一つのまとまりを持つことによって、やっと人間一人の肉体ができあがる。水素、酸素といった無機物に比べて、いかに生物の体のエントロピーが低いかがわかるだろう。

生物の中でも、エントロピーがより高いものと低いものがある。アメーバのような単細胞生物は多細胞生物よりエントロピーが高い。植物よりは動物のエントロピーが低く、動物の中でも進化の度合いの高い動物ほどエントロピーが低い。だから、人間は自然の中で最もエントロピーが低い状態にある物質塊ということができる。

もし細胞の数だけ比べれば、人体の細胞数六〇兆個に対していちばん大きな鯨は一〇京（一京は一万兆）個もの細胞を含んでいるから、鯨のエントロピーのほうがより低いように思われるかもしれない。しかし、それにもかかわらず人間がエントロピーが低いといえるのは人間が情報を持つ動物だからである。

情報は、高度な情報ほどエントロピーが低い。コンピュータを電子計算機としか知らない人とコンピュータのプログラミングのできる人とでは後者のほうがコンピュータについてはるかに秩序だった知識を持っているわけで、それだけエントロピーが低い情報を持っているということができる。人間の文明史は人間の持つ情報のエントロピーを減少させる歴史であったということもできる。

情報の蓄積を担う記憶のメカニズムはまだわかっていない。しかし、遺伝情報の伝達メカニズムは分子生物学によって解明されている。生体細胞の中にDNAという分子量一〇〇万以上の巨大分子がある。これは糖とリン酸にA・T・G・C四種の塩基が延延とつながったものである。このつながり具合いが遺伝情報なのである。

哺乳動物では、約三〇億のA・T・G・Cが結合している。この配列順序が何種類あるか考えてみよう。二つの塩基の組み合わせだけでも、AA、AT、AG、AC、TA、TT、TG、TC、GA、GT、GG、GC、CA、CT、CG、CCの、一六通りがある。三つの塩基の組み合わせになると六四通りにはね上がる。三〇億個の組み合わせになったら天文学的数字になって、とても数えきれないということがわかるだろう。遺伝情報というのはその天文学的な組み合わせの中から、たった一種類の配列順序だけが選ばれることによって伝えられるのである。いかに遺伝情報のエントロピーが低いかがわかるだろう。

遺伝情報の量は、人間と大型哺乳動物ではそんなにちがいがない。しかし、生後に獲得されて、大脳に保存される情報の量となると、人間が圧倒的に多い。人間の大脳が格段にすぐれているからである。

人間は自分の持つ情報エントロピーを減少させて文化を生み、それによって社会のエントロピーを減少させて文明社会を作りあげてきた。したがって、現代文明社会の人間が、これまで地上に現われた、最低エントロピーの生物であるということができる。

炭素循環とエントロピー

生体を構成する有機物質以外の無機物質は、H_2O, CO_2といった単純な分子構造でわかる通りエントロピーが高い。このようなエントロピーが高い物質から、炭素化合物のようなエントロピーが低い有機物質を作るために植物は太陽のエネルギーを利用する。

動物は植物よりも、もっとエントロピーが低い生体高分子を体内で製造しなければならない。そのためのエネルギーを動物はどうやって得ているかというと、摂取した食べものを呼吸した酸素によって燃焼させ、その燃焼によって発生するエネルギーを利用しているのである。

炭酸ガス＋水↓炭素化合物＋酸素というプロセスはエントロピー減少のプロセスであり、炭素化合物＋酸素↓炭酸ガス＋水というプロセスはエントロピー増大のプロセスである。つまり、生物というのは炭素循環のエントロピーが最も減少した状態にある物質塊なのだ。炭素循環が生物的自然における最も基本的物質循環であるといったのは、こうした意味においてである。

炭素循環がこの地球で生物を生むことができたのは、炭素原子の特別な性格による。水素や酸素は二つの原子が結合しただけで安定した分子になってしまう。しかし炭素は、炭素原子同士次々と結合し、長い連続した炭素鎖や炭素環を作ることができる。炭素のこの性質がなければ何百万という分子量を持つ生体高分子は成立しない。そして、地球に炭素原子が豊かにあり、かつ、炭素化合物が化学的に活発であるという性格が加わって、地上には豊かな炭素循環のサイクルが生まれ、生物が生まれることができたのである。

図4　自然界の炭素循環

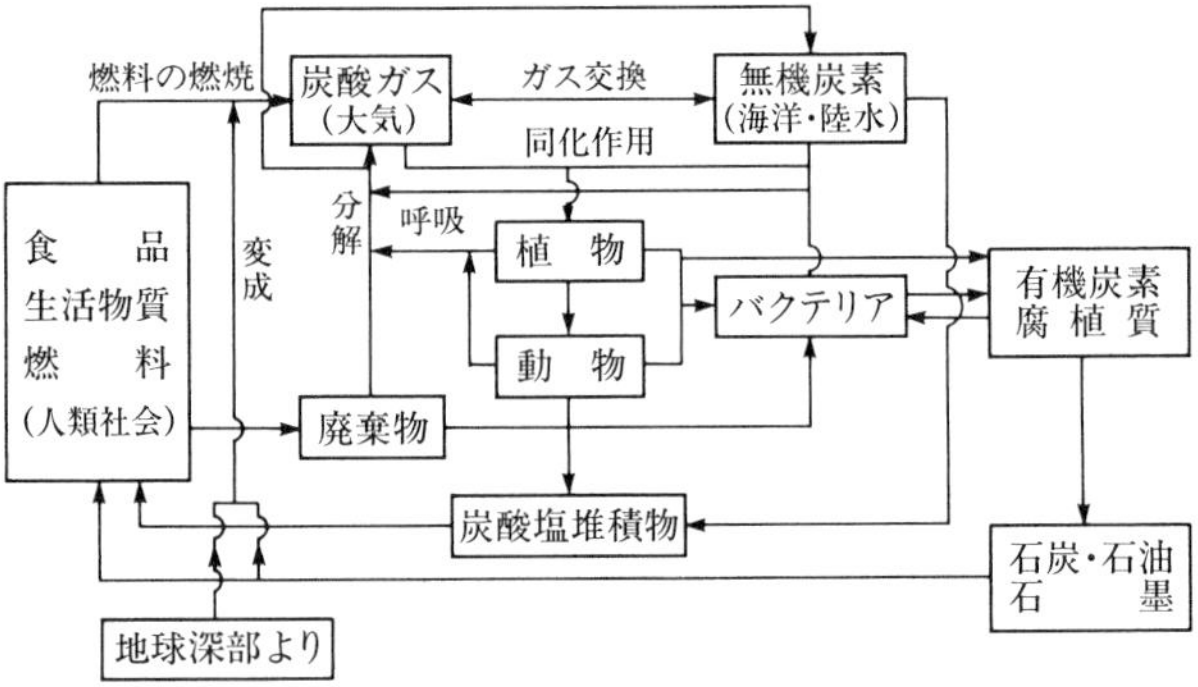

資料：『社会地球化学』（半谷高久・安部喜也共著）

人工的な炭素循環

自然界における炭素循環の大要を示せば、図4のようになる。まず、炭酸ガスと水とから植物が炭素化合物と酸素を作る。酸素は大気中にもどってゆく。その大気中の酸素を呼吸して、動物が食物として摂取した炭素化合物を燃焼させて炭酸ガスを空気中にもどす。その炭酸ガスを植物が再び利用するという形で一つのサイクルが成立する。

水中では、水中植物と水中動物が水中に溶解している炭酸ガスと酸素によって同じサイクルを描いている。動物に食べられなかった植物と動物の死骸とはバクテリアに食べられて、もう一つ別のサイクルを描く。

これが本来の炭素循環なのであるが、そこに人間の文明活動が加わって別のサイクルができている。

人間以外の動物がエネルギーを使用するのは自己の生体の低エントロピー保持のためであって、それはすべて食物によってまかなわれている。人間も生体保持は食物摂取によるエネルギーでまかなっているが、それとは別に、文明社会を構成するさまざまのシステムの低エントロピー維持のため、それとは比較にならないほど大量のエネルギーを必要とする。

列国のエネルギー消費を比べてみると、それが文明度にほぼ比例していることがわかる。一人当たりの年間エネルギー消費を調べてみると、石炭に換算して（一九六七年）、アメリカが九八三三キログラム、西ドイツが四一九九キログラム、日本が二二七九キログラム、インドが一七五キログラムとなっている。気候のちがいを考えに入れなければならないので、これがそのまま文明度の比較にはならないのだがほぼそれに見合っているものといえよう。

このエネルギーをどこから得ているかといえば、石炭三八・七%、石油三九・六%、天然ガス一九・四%、水力・原子力二・三%（一九六七年）である。このうち石炭、石油、天然ガスはいずれも炭素化合物である。それは元をただせば、太古代の植物、微生物などの死骸である。そこで、植物・バクテリア→石炭・石油→（燃焼）→炭酸ガスというもう一つの人為的サイクルが成立する。

人間は炭素化合物を燃料としてだけでなく、工業の原材料としても使用する。できあがった製品は消費され、やがて廃棄される。廃棄されたものは先に述べたように、プラスチック類を除き、燃焼、微生物による分解、などのプロセスを経て炭酸ガスにもどって行く。

こうして循環していく炭素の量がそれぞれのサイクルでどれくらいになるかを示したのが図5である。単位は年間の循環量をグラム数で示したものである。これによると、工業

図５　炭素の移動量

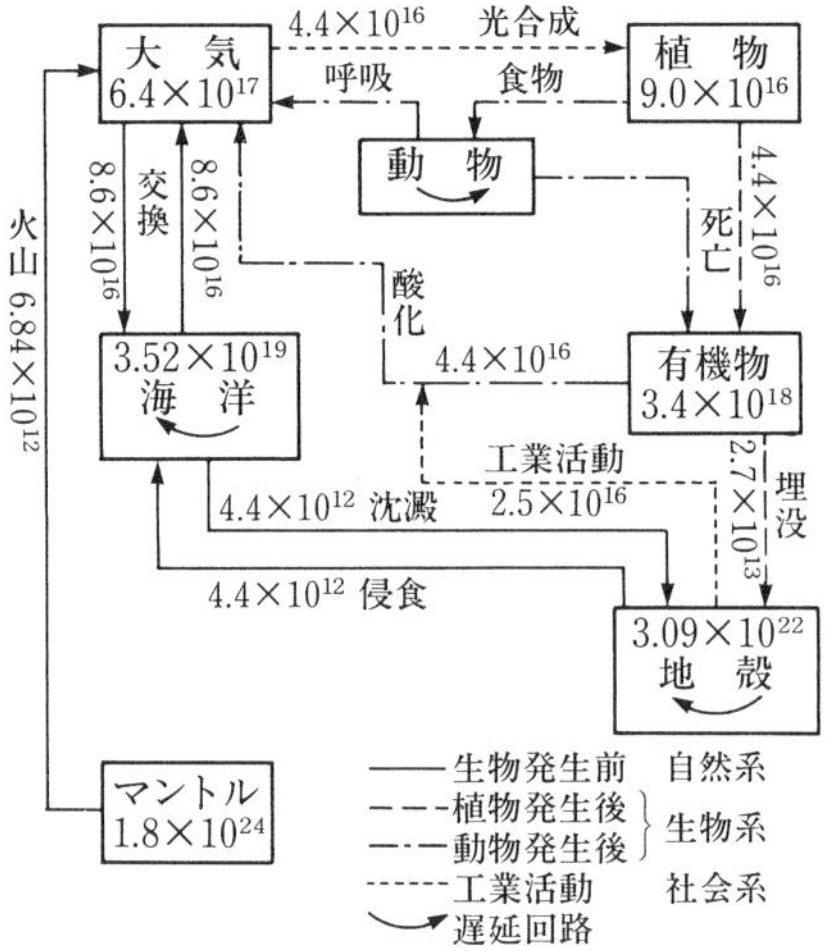

資料：『現代地球科学』

活動による炭素循環が生物界を循環する炭素量の三分の二近くになっている。人間が自然の中でどれだけ大きな地位を占めるようになってしまったかがこれによってよくわかるだろう。

太古代に帰る地球?

地球の初期状態の大気は、炭酸ガスを主成分としていたといわれる。そこへ植物が生まれ、光合成をどんどん行うことによって、炭酸ガスを消費し、酸素を生産していった。もし、そのままの状態がつづけば、炭酸ガスは消費しつくされていたはずである。それを救ったのが呼吸動物の出現だ。酸素を吸収して炭酸ガスを吐き出す動物の出現によって、炭酸ガス→酸素の一方通行が、炭酸ガス→酸素→炭酸ガスのサイクルになることができたのである。

人間が石油、石炭を利用しはじめるまでは、このサイクルはバランスがとれた回転をつづけていた。しかし、現在は植物が光合成に使用する炭酸ガスの量よりも、大気中に放出される炭酸ガスの量のほうがはるかに多い。炭酸ガス主成分の大気が、現在の酸素優勢の大気になることができたのは、太古代に、光合成を行って酸素を放出したあと、分解して炭酸ガスに戻らずに炭素化合物のまま眠っていた植物群があったからである。それが石炭であり、石油なのだ。これを掘り起こして全部燃焼させれば、大気の状態が太古代の炭酸ガス優勢の状態に戻るであろうことは理の当然である。

現在、化石燃料（石油・石炭）の燃焼に必要な酸素は年間六〇億トンといわれる。大気中の酸素は約一二〇〇兆トンと見積もられているから、化石燃料による酸素の赤字が同率でつづいたとしても、二〇〇万年はもつことになる。

ただし、呼吸動物は酸素の量が現在の一〇〇分の一になれば死滅してしまう。人間のような高等動物はもっと早くダメになる。だから、その時点で、酸素の赤字をもたらしていた人間の文明も終焉し、再び植物による酸素の供給で大気は清浄になっていく。もっとも、その清浄化した地球には、むろん人間はいないわけである。

図6は、過去一世紀間の大気中の炭酸ガス濃度の変化を示している。炭酸ガス濃度の測定は、局地的には簡単だが、測定地点が十分でないので、地球的規模で精密にやることはむずかしい。また、一九世紀以前のデータがないので、厳密な議論をすることはむずかしい。しかし、図でもわかるように、大気中の炭酸ガスが増加しつつあることだけは確かである。最近五〇年間に炭酸ガスの総量が一〇％増加したと主張する学者もいる。

自然システムをはみ出す化石燃料

現在の化石燃料の使用度からみると、もっと急速に炭酸ガスが増加してもよさそうなものだが、先にも述べたように、自然のシステムには緩衝機構が働いている。炭酸ガスの場合には、それが二つある。

一つは、大気中の炭酸ガスが増加すると、それだけ植物の光合成が刺激を受けて一層さかんになることである。光合成がさかんになれば、炭酸ガスが多く消費され、酸素が多く排出される。もう一つは、海が炭酸ガスを溶解することである。酸素は水に溶けにくいが、炭酸ガスは溶けやすい。どれだけ溶けるかは、圧力に比例する。大気中の炭酸ガスが増加することで、それだけ炭酸ガスの圧力も増加し、その分は海に溶け込んでいく。逆に大気中の炭酸ガスが減ってくると、圧力が下がるの

図6　過去1世紀の CO_2 濃度の変化

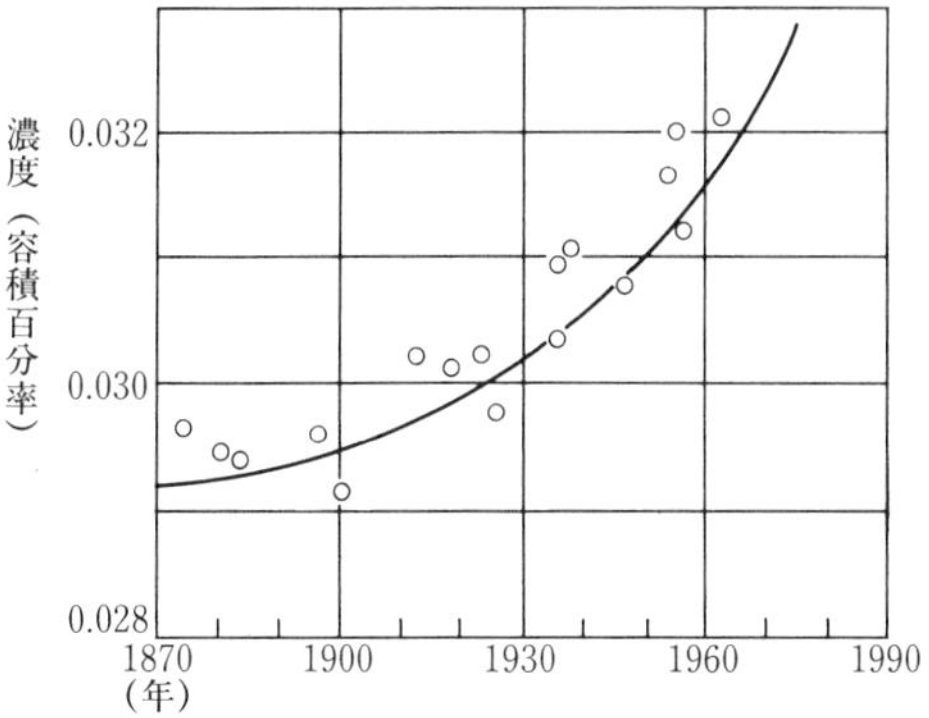

資料：『Tellus』1958年10月号より

で、今度は海から大気中に炭酸ガスが放出される。いわば、海は炭酸ガスの流れの中で、ダムのような役割を果たしているのである。

もちろん、海の炭酸ガス溶解にも限界がある。それを越えるとどうなるか？　海水中に溶けているカルシウム、マグネシウムなどと結合して、炭酸カルシウム（石灰岩）、炭酸マグネシウムとなって海底に沈澱するのである。

これだけうまい緩衝システムがありながら、それでも大気中の炭酸ガスが増加しつづけているということは、化石燃料使用の規模の過大さを示すものであろう。

化石燃料はますます急テンポで消費されつつある。これが大気にどのような影響を及ぼすことになるか、誰も確実な見通しを述べることはできない。が、少なくとも、人間をはじめとする生物にとって、ますます住みにくい環境がもたらされることは必至のようである。

恐ろしい気候破壊

大気は宇宙線放射能の防護装置

大気には、窒素と炭素の循環の一翼を担うという以外に、生物にとって重要な機能がいくつかある。一つは、宇宙から降りそそぐ宇宙線、太陽風、紫外線などを防いでくれることである。

宇宙空間は、放射能で満ち満ちている。宇宙のあちこちで、水爆など比較にならない大爆発が起こっているからだ。たとえば、牡牛座のカニ星雲は、大爆発の名残りなのだが、その爆発の強さは、水爆を一億個同時に爆発させた一億倍の強さの、さらに一億倍ぐらいの強さがあったのである。一九四二年の末に発見されたとも座の新星は、爆発によってわずか二カ月の間に太陽が一万八三〇〇年かかって出すと同じだけのエネルギーを放出している。

こうした大爆発が、銀河系宇宙の中で毎年二〇回から三〇回観測されている。その爆発によって飛び出してきた高エネルギー粒子が宇宙空間をかけめぐっている。これが宇宙線と呼ばれるものだ。

原子物理学の研究で、サイクロトロン、シンクロトロンなどの粒子加速器が使われている。これは、電子や陽子を電磁気力で加速してやって、その高エネルギー粒子を原子核にぶつけて、素粒子の構造を研究しようというものだ。現在、世界で最も大規模な加速器によって作り出されるエネルギー粒子は三〇〇億電子ボルト程度である。これに対して、宇宙線の強いものは、一京電子ボルトのさらに一万倍もの強さがある。とにかくそのエネルギーにはすさまじいものがある。もし、宇宙線に対する防護設備なしに、人間が宇宙空間に飛び出したら、たちまち放射能にやられることは必定である。

ところが、地球にいる人間は宇宙放射能にやられない。なぜなら、大気が宇宙放射能を防いでくれるからである。大気を通して地上にたどりつく宇宙線もあるが、その放射能は、大気の防護作用のおかげで、大地に含まれる放射性元素からの放射能より低いレベルまで落ちている。しかし、大気が薄いところではそれだけ宇宙線も強い。大体、高度が一五〇〇メートル上がるたびに、宇宙線の強さは二倍ずつ上がっていく。

宇宙線のほかに、太陽から飛び出してくる高エネルギー粒子群があり、太陽風と呼ばれている。その速度はマッハ三から五、温度が一〇万度と、これまた激しいが、その大部分は地球の磁力線によってはね飛ばされる。しかし、磁力線バリアーを破って侵入してくる粒子もかなり多い。これを防いでいてくれるのがやはり大気なのである。

紫外線というと、健康によいものであるかのような幻想をいだいている人が多いが、実はこれは生物には大変有害である。紫外線の強いところで日焼けするのは、この有害な紫外線を体内に入れないようにするため、皮膚に色素が沈着するという生体の防御機構の働きなのである。

なぜ紫外線が有害なのかといえば、紫外線の当たった細胞では核酸が破壊されてしまうからである。細胞中の核酸は遺伝情報の担い手で、これがやられると、生体細胞としての機能を失ってしまう。これを防いでくれるのが大気中の酸素である。酸素は紫外線のエネルギーを受け取ってオゾンになる。紫外線が強いところにオゾンが豊富にあるのはこのためだ。

生物は紫外線が弱いところでしか生きられない。だから、大気中に酸素が少なかった太古代には、生物は海中にしか住めなかったのである。陸上動物にとって、大気中の酸素を失うことは、呼吸できなくなることだけでなく、同時に紫外線の脅威にさらされることをも意味するのである。

重要な大気の保温効果

大気のもう一つの機能は、地球の保温である。

大気がない月は太陽が当たっている面は熱いが、陰の部分は氷のように冷たい。表面の平均温度は零度以下である。地球も、もし大気がなければ平均温度は零下二三度であるはずだが、実際には一四度もある。この差は大気の温室効果と呼ばれる作用のためである。

太陽から地表に届く熱エネルギーは主として可視光線のかたちでくる。大気は可視光線を自由に通す。太陽光線に温められた地球は赤外線を放射する。ところがこの赤外線は大気中の水蒸気や炭酸ガスによって吸収されてしまう。赤外線を吸収した水蒸気や炭酸ガスが地球をふとんでくるむように温める。これが温室効果である。

この温室効果がなければ地球は生物にとってあまりに冷たい環境になってしまっただろう。温室効果は空気中の炭酸ガスと水蒸気の量によって決まる。だから、化石燃料の使用によって空気中に炭酸ガスが増加したことによって地球が温められ、北極南極の氷が溶けだして海洋の水位が上昇すると予言する学者もいる。ところが、現実には一九四

○年以後世界の気温は下降に転じている。このままいくと、再び地球に氷河期が訪れるのではないかと予測する人もいる。

補註

この当時は、ここに書いた通り、世界の平均気温は一九四〇年以来少しずつ下降をつづけていた。しかし、一九七〇年代中期から、平均気温は上昇に転じ、そのまま上昇傾向がつづいたため、一九九〇年現在は、温室効果による気温上昇（海面水位上昇）のほうが心配されるにいたった。

世界の平均気温を正確につかむというのは、データの地域差や時間変動があるため、大変むずかしい。世界の平均気温が七〇年代中期を境にして確実に上昇に向いはじめたということが確認されたのは、つい最近、一九八八年の終りになってからである。また、上昇したといっても、途中でここに述べたような寒冷化の期間があったため、二〇世紀のはじめと一九八八年の平均気温を比較して、まだ〇・五度の上昇である。

この寒冷化と温暖化について、どう考えればいいのだろうか。この項と次項で述べるように、文明がもたらした大気汚染には、寒冷化をもたらすエレメントと温暖化をもたらすエレメントと、どちらもある。また、気候変動はもっぱら人為的要因によってもたらされているわけではなく、むしろ自然的要因によってもたらされる部分のほうが大きいと考えられる（文明による環境破壊が起るはるか以前から、地球は氷河期になったり間氷期になったりしてきた）。

自然的要因にも寒冷化をもたらすエレメントと、温暖化をもたらすエレメントとがある。それら、人為的、自然的諸要因の総合バランスが、一九七〇年代までは寒冷化の方向に傾いていたのに、それ以後は温暖化の方に傾きだしたということである。この傾きの変化に、どの要因がどれだけ寄与したのかはよくわからない。

しかし、二〇世紀後半に増加の一途をたどっている空気中の二酸化炭素の増加による温室効果の寄与率がきわめて高いであろうという点で世界の気象学者の意見は一致している。この他最近注目されているものとしては、亜酸化窒素、メタン、フロンなどによる温室効果がある。このうちメタンは自然的要因によるものとみられるが、他の二つはやはり文明による環境破壊である。

以上のようなことを念頭に置いた上で、以下を読み進んでいただきたい。地球が温暖化に向いはじめたからといって、以下に述べるような寒冷化の要因が消えたわけではない。このような寒冷化要因も当時より一層強く作用するようになっているのに、さらにそれを打ち消すほどに温暖化要因が強く作用しはじめているという点が、今の状況を一層深刻なものにしているのである。

（一九九〇年一一月、文庫版化にあたり追記）

冷える地球

温室効果がより強くなったのにもかかわらず、なぜ地球はこの当時冷たくなりつつあったのか？

その原因の一つは、大気汚染にあるといわれている。自動車、飛行機の排気ガス、工場からの排ガス、住宅、ビルなどの暖房から出てくる排ガスなどには一酸化炭素、亜硫酸ガスなどの有害ガス以外に浮遊粉塵と呼ばれるミクロン単位の微粒子が含まれている。東京の牛込柳町で起きた被害によって有名になった鉛害も、ガソリンの中にアンチノックス材として添加されていた四H鉛がエンジンの中で燃焼して、臭化鉛、塩化鉛となったものが〇・五ミクロン程度の微粒子になって排出されたために起きたことである。

微粒子は、粒が大きければやがて重力に引かれて地上に舞い落ちてくるが、一ミクロン以下のものは一旦高空に舞い上がると、ほとんど半永久的に大気中を浮遊しつづける。この微粒子は炭素が主だが、工場地帯では鉄、ナトリウム、アルミニウム、亜鉛、マンガンなども多く、微細に分析すれば、金、銀にいたるまでほとんどあらゆる金属元素が含まれている。

東京都では、石油系燃料だけから排出される微粒子が三万トンにもおよぶ。東京の空気を一呼吸すると、一〇億粒の微粒子を吸い込むことになるといわれる。東京の空気だけが極端によごれているというわけではない。大気は世界中を移動している。グリーンランドの氷からも自動車排気ガスから出た鉛が検出されているほどである。大気中の微粒子の増加のために、大気は急速に混濁してきている。ハワイのマウナロア山頂での観測によると、過去一〇年間に大気の混濁係数は実に三〇%も増加している。

先に太陽光線のエネルギーは、主として可視光線によってもたらされると述べたが、それは一〇〇%地球に吸収されるわけではない。かなりの光線が反射されてしまうのである。その反射率がアルベドと呼ばれている。地表のアルベドは一〇〜三〇%、雪や氷の上だと三〇〜九〇%もある。地球の大気の上層部はいつも半分くらいは雲でおおわれている。この雲のアルベドが六〇%もある。

大西洋上を往復するジェット機の機長たちが広く認めるところによると、最近成層圏にもやが大量に発生しているということである。これは、飛行機自身の排気ガス中の微粒子や、地上から舞い上がってきた微粒子を核にしてできた微小な水滴によるものだろうと推測されている。微粒子自身、あるいは微粒子によるもやや雲の増加がアルベドを相当増加させ、そのために地上に到達する日射量が減り、最近の地球の低温化がもたらされたとする説が有力である。

温室効果は、地表に太陽エネルギーが到達して赤外線が放射されてからはじめて意味をもつ。大気上層でのアルベド増大によってそもそも地表に到達する光線が少なくなっていては、いくら炭酸ガスが増加して温室効果が強くなっても意味がないわけである。

大気中の微粒子は、降雨気候をも乱している。最近世界の各地で集中豪雨による大洪水が頻発しているが、これは大気中の微粒子が増大したために、それが雨の核となり多量の水蒸気を雨に変えることが原因だといわれる。

気候形成の混乱

大気の持つもうひとつの機能である気候形成も人間の文明活動によって重大な影響を受けている。

気候の変化は空気の流れによって起こる。空気の流れは地球の表面が太陽熱を不均等に受けることによってもたらされる。地球が球面体であるために赤道付近は垂直に光を受けるのでよく熱せられるが、極付近は斜めに光線を受けるために寒い。熱帯の空気は暖められて上昇し気圧が下がる。寒帯では逆に高気圧となり下降気流が生まれる。そこで地球的な規模の空気の移動が起こる。これが気候形成の上で最も重要な因子である。この大気の移動によって工場地帯での酸素欠乏も起こらず森林地帯での炭酸ガス欠乏も起こらずにすんでいるのである。が、同時にこの大気の移動あるがために、先進諸国での大気汚染が全地球に害をおよぼしているともいえる。

ところで問題なのは、最近、人間のエネルギー使用が気候におよぼすほどの影響を与えはじめたことである。いま述べたように気候変化の根本原因は太陽熱のエネルギーが地域によって不均等であることにある。ところが、すでに工業地帯や大都市では地表が受け取る太陽熱エネルギーの二倍を越えるエネルギーを使用している。現在のテンポでエネルギー消費が伸びていくと、一〇〇年以内に人間の原子力、化学燃料使用によるエネルギーが、全地球が受けとめる太陽熱エネルギーに匹敵するようになる。

そうなると、これまで太陽熱の受けとめ方によって決まっていた熱帯、温帯、寒帯、そしてそれを結ぶ空気の流れ以外に人為的なエネルギー使用過多による、熱帯、温帯、寒帯とそれに伴う空気の流れが生じ、地球上の気候現象に想像を絶するほどの混乱をもたらすだろうといわれる。

もしかすると、気象の混乱はすでにはじまっているのかもしれない。天気予報が当たらないのもそのせいかもしれない。

大気汚染の公害が騒がれるのは、主としてその有毒性のためである。もちろん、それも見のがせない害だが、それ以上に、地球システムそのものが、大きくゆり動かされる恐ろしさのほうが、はるかに大きいものであることを知っておきたいと思う。

燐とエネルギー

生物の〝エネルギー通貨〟ATP

ここまでで水の循環、大気の循環、その中での窒素、炭素の循環をみてきたが、地球上のあらゆる物質は、同じようにそれぞれに閉鎖的な循環系の中を移動している。その無数の循環系のからみ合いの中に、はじめて生物が成立しているのである。

生物に不可欠な元素として、もう一つだけ燐(りん)を取りあげてみよう。

燐がなぜ生体に不可欠なのかというと、ATP（アデノシントリリン酸）という燐を含む炭素化合物が、あらゆる生体内にあって、エネルギーの受け渡し役を演じているからである。ありとあらゆる生物は、植物、動物、バクテリアを問わず、すべて摂取した食物を体内で燃焼（酸素と結合）させることによってエネルギーを得る。そのエネルギーでATPを合成する。そして、エネルギーが必要なときには、ATPを分解し、そのとき発生してくるエネルギーを利用するのである。人間でいえば、ATPなしには、運動はもちろん、呼吸、消化、体温維持といった生体内反応、あるいは思考すらも不可能になる。

エネルギー論的には、ATP生産能力を持ったものの出現をもって生物の発生とみなしている。バクテリアから、あらゆる植物、動物、人間にいたるまでの全生物が、エネルギーの面においては、このATPを利用している。だから、ATPは生物のエネルギー通貨ともいわれる。肥料の三要素として、窒素、燐酸、カリウムがあげられているのも、燐酸がATP合成に必要だからである。人間にとっても必須栄養素であり、一日一〇〇〇ミリグラムは摂取しなければならないといわれる。

地球の燐を前借りする人間

人間や動物は大体、食物を食べているだけで燐分を取ることができる。しかし、植物、とりわけ土壌を高度に利用する農作物には、燐が不足しがちである。

というのは、地中の燐は水に流されやすく、やがて海に移っていく。海の燐は海底に沈んでいく。この流れと逆の流れがなければ、陸上生物はやがて燐を使いつくしてしまうことになる。実は、少しずつその方向に進みつつあるようなのだが、自然界にはいくつかの逆のルートがある。

一つは、海のしぶきが風に運ばれて陸上に戻ってくることである。バカに細かい話を持ち出したと思われそうだが、実はこれがなかなかバカにならない。アメリカ大陸の中央部といえば、いちばん近い海岸からも北海道から九州まで以上の距離があるのだが、そこを流れている川水中の塩分を調べてみると、その半分が海のしぶきが飛んできたもの、残り半分が浸食を受けた岩石が溶け出してきたものであったという。平均すれば、燐にかぎらず河川の全塩分の三分の二が海のしぶきによるものという。むろん、海のしぶきは河川だけに舞い落ちるものではなく、地表全面に広がっているのである。

海底に沈んだ燐は、気が遠くなるほどの時間をかけて、地質学的に移動する。が、その前に一部は、海流に乗って、もう一度海の表面に出てくる。

海流には水平方向の流れと、鉛直方向の流れとがある。太平洋ぐらいの大きな海になると、水平方向の流れでは一四～一五年で海水は混合しあっている。これに対して鉛直方向にも、一〇〇年単位の時間をかけて、やはり混合しあっている。

南米のペルー沿岸には、海水の強い上昇流がある。だから、このあたりの水域は燐分が豊かで、そこに生活する魚にも燐分が多く含まれる。この燐分は魚を食べる鳥類に移る。鳥は余分な燐を糞として排泄する。海岸の鳥の営巣地帯には、この燐分豊かな排泄物が集積している。これはグワノと呼ばれ、採集されて肥料として利用されている。この海域で豊かなのは燐分だけではない。むなしく深海に沈んでいた栄養分がすべて表層に出てくるので、プランクトンが多く繁殖し、それを食べにくる魚群も多い。ペルーが世界で魚獲高第一位であるのは、この理由による。

一般に陸上よりは海中のほうが燐分が豊かで、そのため魚には燐が多い。魚を採取して食べる鳥類と人間の存在も、燐の循環にはバカにならない。

こうした自然の回路を利用するだけでは、燐の量は農業には十分でない。そこで燐鉱石を掘り出しては、これを肥料に加工してバラまいている。現在、年間一億トン近い燐鉱石が掘り出され、二〇〇〇万トン近い燐酸肥料が生産されている。これなしには、人間の食物を十分に生産できないのである。

いいかえれば、自然の回路が供給する燐で成長する食用植物以上の食用植物を人間は必要としている。それを燐鉱石採取という人工回路を付け加えることで可能にしている。しかし、この回路とて無限のものではない。燐鉱石採取という人工回路は、地質学的な時間をかけて自然が行う作業を、一部分だけ人工的にくり上げさせる役割を果している。人為的くり上げが無限に続くわけではない。くり上げさせた分だけ、あとで困ることになるのは目に見えていることではないだろうか。

食物連鎖と自然バランス

複雑な〝食いつ食われつ〟のしくみ

燐の循環のところでふれたように、物質循環の一つのシステムに、動物の捕食関係がある。

生産者たる植物は、エネルギーを直接太陽光線にあおぎ、生体保持のための物質は、葉と根から無機物質のまま吸収する。消費者たる動物はそんな器用なまねはできない。早い話、人間が、窒素、燐酸、カリウムの肥料を腹一杯食べ、水をガブ飲みして、太陽光線のもとに裸で寝ころがったとしても、お腹をこわしてカゼをひくだけで、肥料は排泄されてしまうだけだ。動物は、食べた食物を、呼吸によって得た酸素で燃焼させることによってはじめてエネルギーを得ることができる。生体を構成する材料も、すべて食べることによってしか取り入れることができない。

食物の種類によって、動物は草食、肉食、雑食に分けられる。このほか、特別に死体だけを食う腐食動物もいる。また食物の種類の多寡によって、広食性と狭食性の動物に分けられる。

人間はあらゆる動物のうちで、最も典型的な広食性の雑食動物である。海草と魚と野菜と肉を同時に食う動物はほかにいない。これだけ食物の対象が広いことが、動物界での人間の繁栄の一つの原因である。食物の量が、その動物の生存できる個体数の限界を決めるからだ。

動物の間には、食いつ食われつの関係がある。草食動物は肉食動物に食われ、肉食動物はより大型の肉食動物に食われる。この関係を食物連鎖という。食物連鎖のはじめには植物があり、末端には、ライオン、サメ、ワシ、人間などのような最終消費者がいる。しかし、その最終消費者もハイエナのような腐食動物に食われるか、さもなければ、還元者の微生物の手に渡り、ついには物質にまで還元されてしまう。例外として、火葬された人間だけは、人間自身の手によって還元されている。

食物連鎖の構造は一口で説明することができるが、その実態はなかなか複雑である。図7は尾瀬ケ原における生物の食物連鎖を示したものである（北沢右三都立大助教授らの研究による）。よく見ると、環境が少し異なるだけで生息する動物もちがい、それぞれの間に独得の入り組んだ食物連鎖があることがわかってくるだろう。

動物がいるところ、地球上のいたるところで、これと同じような食物連鎖が成り立っている。

海洋では、珪藻（けいそう）類を主とする微小な藻類が主な第一次生産者で、これは植物プランクトンと呼ばれている。体の大きさは二ミクロンから五〇～六〇ミクロン、海水一CC中に少ないところで数百、多ければ数千はいる。光合成をしなければならないので、太陽光線が届く限度である海面下一〇〇メートルぐらいのところで生活している。これを食べるのが動物プランクトンである。動物プランクトンというのは、原生動物、ミジンコ類、太陽虫、夜光虫、水棲動物の幼生や卵などの総称である。

動物プランクトンをイワシのような小魚が食べ、それをマグロやブリなどの大魚が食べる。海洋で食物連鎖の最後にくるのは、サメ、イルカ、アザラシ、などだ。クジラの中でシロナガスクジラは体は巨大だが、餌にしているのはプランクトンである。このように、間の連鎖の環が抜けている最終消費者もいる。

底辺動物ほど数が多い

食物連鎖関係には一つの法則がある。それは〝数のピラミッド〟と呼ばれる法則で、食うものより食われるもののほうが必ず数が多い（還元者は除く）というものである。

尾瀬ケ原の例をとれば、タカやワシより、イタチ、フクロウ、キツネのほうが数が多く、それよりもカエル、ヘビ、ヒバリ、モグラのほうが数が多く、さらにそれより、トンボ、クモ、ムカデのほうがたくさんいるという具合いに底辺にいくほど数が多い。

食物連鎖があるといっても、必ずしもすべての動物が上位の消費者に食べられてしまうわけではない。トンボがすべてヒバリに食われてしまうわけではなく、ヒバリがすべてワシに食われてしまうわけでもない。トンボもヒバリも、天寿を全うするものもまた多いのである。大体、そうでなければ食物連鎖で下位の動物は食べつくされて滅んでしまうことになる。

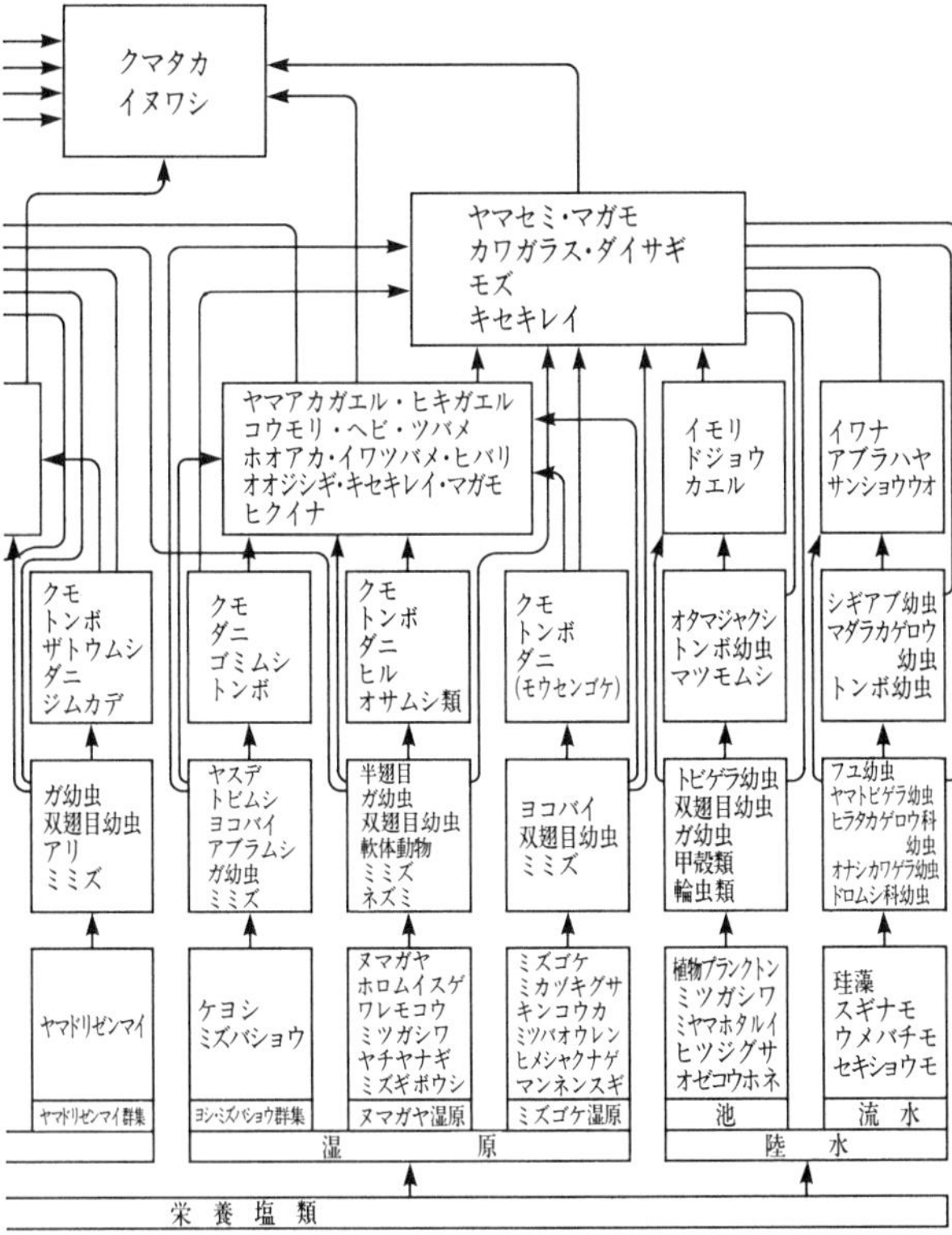
クマタカ
イヌワシ
ヤマセミ・マガモ
カワガラス・ダイサギ
モズ
キセキレイ
ヤマアカガエル・ヒキガエル
コウモリ・ヘビ・ツバメ
ホオアカ・イワツバメ・ヒバリ
オオジシギ・キセキレイ・マガモ
ヒクイナ
イモリ
ドジョウ
カエル
イワナ
アブラハヤ
サンショウウオ
クモ
トンボ
ザトウムシ
ダニ
ジムカデ
クモ
ダニ
ゴミムシ
トンボ
クモ
トンボ
ダニ
ヒル
オサムシ類
クモ
トンボ
ダニ
(モウセンゴケ)
オタマジャクシ
トンボ幼虫
マツモムシ
シギアブ幼虫
マダラカゲロウ
幼虫
トンボ幼虫
ガ幼虫
双翅目幼虫
アリ
ミミズ
ヤスデ
トビムシ
ヨコバイ
アブラムシ
ガ幼虫
ミミズ
半翅目
ガ幼虫
双翅目幼虫
軟体動物
ミミズ
ネズミ
ヨコバイ
双翅目幼虫
ミミズ
トビケラ幼虫
双翅目幼虫
ガ幼虫
甲殻類
輪虫類
フユ幼虫
ヤマトビケラ幼虫
ヒラタカゲロウ科
幼虫
オナシカワゲラ幼虫
ドロムシ科幼虫
ヤマドリゼンマイ
ケヨシ
ミズバショウ
ヌマガヤ
ホロムイスゲ
ワレモコウ
ミツガシワ
ヤチヤナギ
ミズギボウシ
ミズゴケ
ミカヅキグサ
キンコウカ
ミツバオウレン
ヒメシャクナゲ
マンネンスギ
植物プランクトン
ミツガシワ
ミヤマホタルイ
ヒツジグサ
オゼコウホネ
珪藻
スギナモ
ウメバチモ
セキショウモ
ヤマドリゼンマイ群集
ヨシ・ミズバショウ群集
ヌマガヤ湿原
ミズゴケ湿原
池
流　水
湿　原
陸　水
栄　養　塩　類

図７　尾瀬ケ原生物群集におけるの食物連鎖の例

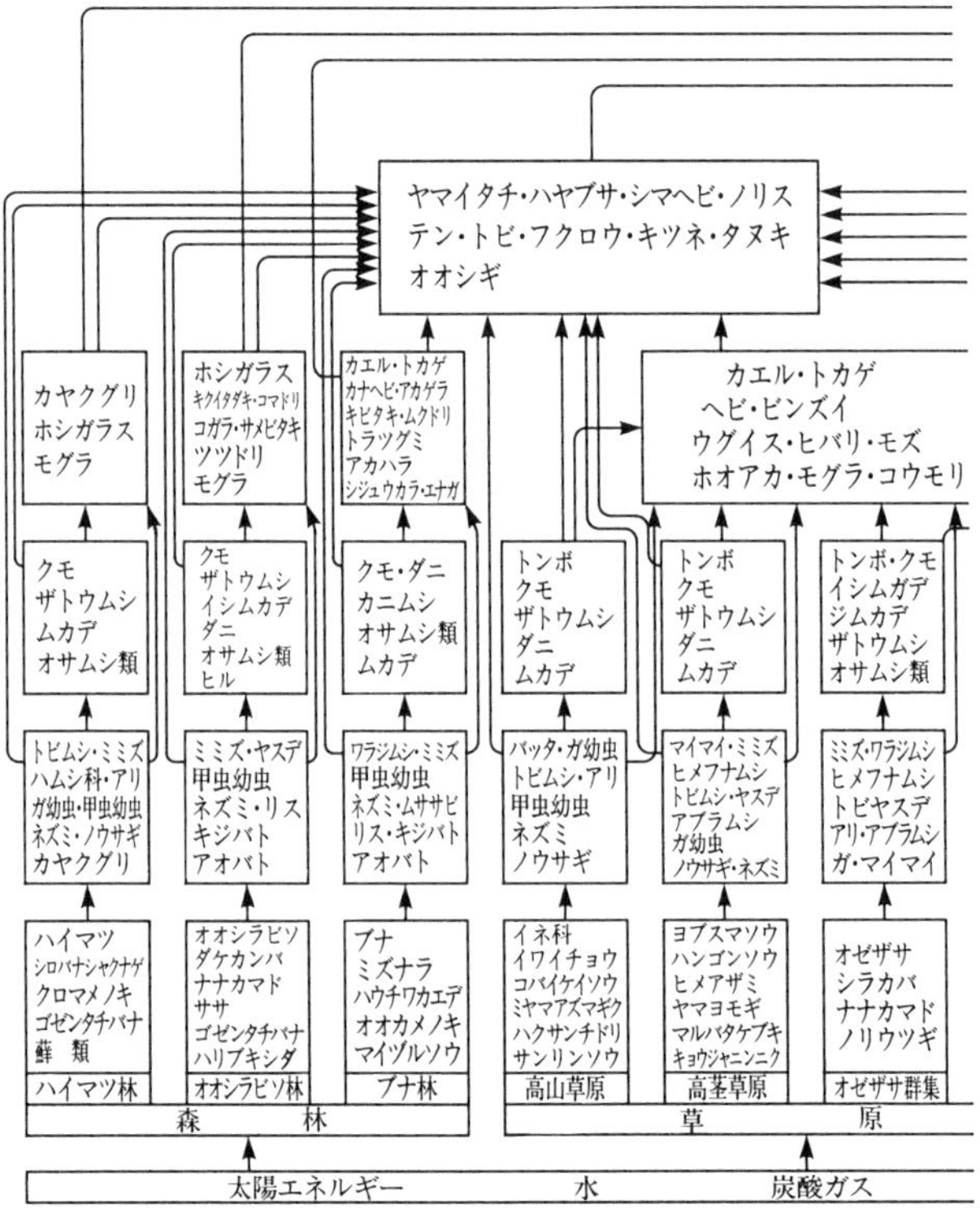
ヤマイタチ・ハヤブサ・シマヘビ・ノリス
テン・トビ・フクロウ・キツネ・タヌキ
オオシギ
カヤクグリ
ホシガラス
モグラ
ホシガラス
キクイタダキ・コマドリ
コガラ・サメビタキ
ツツドリ
モグラ
カエル・トカゲ
カナヘビ・アカゲラ
キビタキ・ムクドリ
トラツグミ
アカハラ
シジュウカラ・エナガ
カエル・トカゲ
ヘビ・ビンズイ
ウグイス・ヒバリ・モズ
ホオアカ・モグラ・コウモリ
クモ
ザトウムシ
ムカデ
オサムシ類
クモ
ザトウムシ
イシムカデ
ダニ
オサムシ類
ヒル
クモ・ダニ
カニムシ
オサムシ類
ムカデ
トンボ
クモ
ザトウムシ
ダニ
ムカデ
トンボ
クモ
ザトウムシ
ダニ
ムカデ
トンボ・クモ
イシムカデ
ジムカデ
ザトウムシ
オサムシ類
トビムシ・ミミズ
ハムシ科・アリ
ガ幼虫・甲虫幼虫
ネズミ・ノウサギ
カヤクグリ
ミミズ・ヤスデ
甲虫幼虫
ネズミ・リス
キジバト
アオバト
ワラジムシ・ミミズ
甲虫幼虫
ネズミ・ムササビ
リス・キジバト
アオバト
バッタ・ガ幼虫
トビムシ・アリ
甲虫幼虫
ネズミ
ノウサギ
マイマイ・ミミズ
ヒメフナムシ
トビムシ・ヤスデ
アブラムシ
ガ幼虫
ノウサギ・ネズミ
ミミズ・ワラジムシ
ヒメフナムシ
トビヤスデ
アリ・アブラムシ
ガ・マイマイ
ハイマツ
シロバナシャクナゲ
クロマメノキ
ゴゼンタチバナ
蘚　類
オオシラビソ
ダケカンバ
ナナカマド
ササ
ゴゼンタチバナ
ハリブキシダ
ブナ
ミズナラ
ハウチワカエデ
オオカメノキ
マイヅルソウ
イネ科
イワイチョウ
コバイケイソウ
ミヤマアズマギク
ハクサンチドリ
サンリンソウ
ヨブスマソウ
ハンゴンソウ
ヒメアザミ
ヤマヨモギ
マルバタケブキ
キョウジャニンニク
オゼザサ
シラカバ
ナナカマド
ノリウツギ
ハイマツ林
オオシラビソ林
ブナ林
高山草原
高茎草原
オゼザサ群集
森　林
草　原
太陽エネルギー
水
炭酸ガス

資料：『生態学汎論』（細川隆英ほか共著）
なお、この調査は北沢右三氏らによる。

自然は、原則として種の存続に必要な個体数以上の余分の分だけを上位の捕食者に与えるようにしている。捕食者がそれ以上に、つまり種の存続にかかわる部分にまで手をつけはじめると、そのうち、餌にしていた種が絶え、自分も餓死せざるをえないのである。少数の例外を除いて、食われるものは食うものより体が小さい。そのことも、食われるものの数が多くなければならない理由の一つである。

食物連鎖をエネルギーの流れからみると、やはりピラミッド状をなしていることがわかる。

図8は、食物連鎖におけるエネルギーの流れを単純に模式化したものである。一日一平方メートル当たり、三〇〇〇キロカロリーの太陽エネルギーが降りそそぐものとする。このうち植物に受けとめられるものは半分の一五〇〇キロカロリーで、そのうち光合成に用

図8　食物連鎖におけるエネルギーの流れ

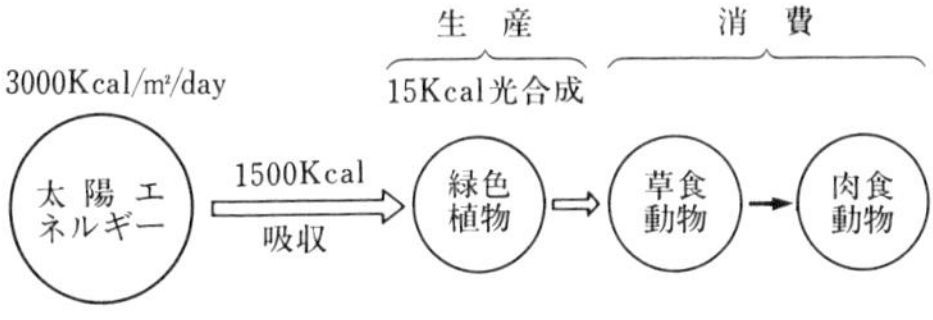

いられるのはわずか一%。一五キロカロリー分が植物体となって固定される。

これが草食動物に食われ、それが肉食動物に食われしていく間に、エネルギーはどんどん失われていく。なぜなら、それぞれの動物は、食べることによって得たエネルギー

の大部分を活動のために費やし、その分のエネルギーは熱として空間に発散していくからだ。それに、植物のすべてが草食動物に食われるわけではなく、草食動物のすべてが肉食動物に食われるわけではないという関係もある。

厳密には測定されていないが、おおよそ食物連鎖を一段階動くごとにエネルギーは一〇分の一ずつに減っていくと推定される。かりにある人がカマボコばかり食べて、その結果体重が一キロふえたとする。そのためには一〇キロのサメが必要だったはずである。サメの餌になっていたサバなどの中型魚は一〇〇キロ、サバが食べていたカタクチイワシになると一トン、カタクチイワシが餌にしていた動物プランクトンは一〇トン、動物プランクトンが餌にしていた植物プランクトンの段階になると、一〇〇トンもの量が必要だったということになる。

食物連鎖の頂点のほうにいる動物たちは、驚くほど底辺の広いピラミッドにささえられているのだということがこれでわかるだろう。これが、上位捕食者の数が少なくなければならないもう一つの理由である。

もし、カマボコを主食とする体重五〇キロの人間がいるとすると、その体を植物プランクトンに換算すると五〇〇〇トンということになる。もし、カマボコを主食とする人間を食べて生きている体重一〇〇キロの動物がいるとすれば、その動物一匹だけのために、植物プランクトンは五〇万トン必要になる。もし、その動物を主食とする動物がいたとしたら……と考えていけばすぐわかるように、食物連鎖は長くはつづかない。いちばん長くて五段階である。

“貧乏人はムギを食え”は正しい？

人間が食物連鎖の上位にいながら、これほど個体数が多いのは、大部分が第一次消費者にとどまっているからである。もし、人間が純肉食者であったなら、現在の一〇分の一の人口にならなければならない。

肉類の値段が重量比で穀物・野菜より一〇倍は高いのも、食物連鎖上当然なのである。“貧乏人はムギを食え”の故池田首相の失言も、政治的背景を無視すれば卓言といえる。

クジラの肉がマグロの肉より安いのは、マグロが第三次消費者であるのに、クジラ（シロナガスクジラ）が第二次消費者であるからだ。クジラは成長期には一日四〇キログらいずつ大きくなっていく。そのために一日三トンぐらいのオキアミ（動物プランクトン）を食べている。最盛期には南氷洋に五〇万頭のシロナガスクジラがいたが、この間、半年間に三億トンのオキアミがクジラの餌食になっていたわけだ。それでも、オキアミが絶滅することはなかった。南氷洋には一五億トンのオキアミ、数にして一一〇〇兆匹ものオキアミがいて、食われるそばから繁殖していたからである。

クジラでもザトウクジラになると少しちがう。ザトウクジラ一回の食事はニシン五〇〇〇匹である。一匹のニシンは約七〇〇〇匹の動物プランクトン〝コペポーダ〟を食べるから、その食事はコペポーダ三五〇〇万匹に当たる。一匹のコペポーダは一三万個の植物プランクトンを食べるから、ザトウクジラの食事をそれに換算すると、四兆五五〇〇億の植物プランクトンということになる。これがザトウクジラ一回分の食事である。

人間にしろ、他のあらゆる動物にしろ、その生体をささえるエネルギーのもとを追って食物連鎖をたどっていくと、最終的には植物にたどりつく。無機物を動物が摂取できる形に変えてくれるのは植物しかいないからである。人間が植物を大切にしなければならない理由もここにある。

〝貧乏人の子沢山〟

食物連鎖を下にたどるほど一つの種の量が多くなるということは、同時に、繁殖率が高いということも意味する。プランクトンのたぐいは、細胞分裂によって増殖し、一つの細胞が二五回分裂しただけで、三三〇〇万個になることができる。一本のマホウグサは五〇万粒のタネを実らせる。それは風にのってどこまででも運ばれていき、二〇年もの間タネのまま生きつづける。

イワシは一匹が一回に二万～一〇万の卵を産む。卵からかえったばかりの幼生は、動物プランクトンに数えられる。つまり、魚の餌として出発するのである。自分の同族を含むさまざまの魚たちにどんどん食べられて、生き残ったものだけが成長する。体長二センチほどのシラスになったときには、生まれたときの一〇〇〇分の一ぐらいに数が減っている。それから育つにつれ、こんどは自分がプランクトンの消費者になる一方、より大きな魚の餌食となっていく。

日本の沿岸で卵からかえるマイワシは年間ざっと一〇億匹である。一年後に体長一五センチに成長するが、そのときはわずか一〇〇万匹、二年目の終わりにはたったの一万匹、イワシの寿命は七～八年だが、天寿を全うできるのは指折り数えるぐらいしかいないといわれる。

卵生から胎生に変わると生まれる子供の数はグンと減る。ネコは一腹三～四匹、サル、ヒトは通常一子である。ネコは一年に四回出産し、七～八年産みつづけるから、一生の間に八〇匹ぐらい産む。これに対し、サルは一生に一〇子、ヒトは先進国では二、三子である。

〝貧乏人の子沢山〟は、生物界全体に通用する真理である。〝貧乏人の子沢山〟なるがゆえに、上位捕食者は食事にあずかることができる。また逆に、もし上位捕食者がいないと下位の食べられるもののほうにも困ったことが起きてしまう。繁殖力の目いっぱいにふえて、ついには彼ら自身の餌を食べつくして共倒れになってしまうからである。

食物連鎖を破壊すると

食物連鎖は、自然が長い時間をかけて作りあげた巧妙な機構である。それは、それぞれの土地で独得の構造を持っている。そこにうっかり人為的な手を加えると、とんでもないことが起きる。

たとえば、オーストラリアでは、毛皮と肉をとるために、ヨーロッパ野ウサギを輸入して放し飼いにした。ところが、ヨーロッパでは、野ウサギはその土地の食物連鎖に組み込まれ、捕食者に食べられることで適正個体数を保っていたのに、オーストラリアでは捕食者の歯止めがはずれ、ふえにふえて、牧草地を砂漠同然の姿に変えてしまった。そこでこんどは野ウサギ退治が問題になり、ついにウイルス性の病気をはやらせることで一時は繁殖を押えることに成功した。しかし、最近では、この病気に抵抗力を持ったウサギが出現し、まだほんとうの解決には遠いという。

またアルゼンチンでは、毛皮をとるためにヌートリアという小動物を輸入して飼育をはじめた。ところが少数が野外に逃げ出したため、ネズミ算的にふえ、その穴を掘る習性からダムやトンネルを破壊するという害を与えている。

ベネズエラに、ホテイアオイというランに似た美しい花を咲かせる水生植物がある。これが、一八八四年にアメリカのニューオーリンズで開かれた綿花博覧会のときに観覧に供された。それを博覧会の見物客が美しいからと持って帰り、アメリカのルイジアナやアフリカのコンゴの川にほんの数株が移された。ところがこのホテイアオイは、一株から五〇日ごとに一〇〇〇個の新しい個体が生まれるという強烈な繁殖力を持つ。たちまちのうちに川一面に広がり、ついには岸から岸まで埋めつくし、船が航行できない状態にまでなってしまった。

外来の動植物がときどきこうした大繁殖を起こすのはその土地の食物連鎖の中にはい

れなかったためである。記憶に新しい事例としては、アメリカシロヒトリがある。もともと占領軍の荷物について日本にやってきたらしいのだが、しばらくおとなしく潜伏していたと思ったら、一九六三年ごろから、突然大発生をはじめた。その前後数年間、天敵である鳥、ハチ、クモの少ない東京都内では猛威がすさまじく、街路樹という街路樹の葉はアメリカシロヒトリに食い荒らされ丸坊主になっていった。この当時、一本のサクラの木にタマゴの巣が四〇、一つの巣の中にタマゴが六〇〇個、つまり二万四〇〇〇のタマゴがあったという。各国で動植物の輸入に当たって検疫を厳重にするのは、こうした大発生を恐れるからなのである。

中国のスズメ退治

外来種の大発生は食物連鎖の中にはいれなかったことによって起こるのだが、逆に連鎖の中の一つの鎖が失われることによって起こる大発生もある。

イギリス南東部のリンゴ園地帯で、一九二二年以来カイガラムシの防除のため油類を用いていた。ところが、油類はカイガラムシだけでなく、ハナカメムシ、テントウムシ類も殺してしまった。その結果として、それまではハナカメムシ、テントウムシの餌食となっていたリンゴハダニが大発生して、かえって困ったことになった。
これと同じ現象が、農薬の使用によって、各地でひき起こされている。

中国では、国をあげてスズメ退治をやったことがある。全国でいっせいにドラを叩き、サイレンをならし、スズメを脅して空に舞い上がらせ、力つきて落ちてくるまでドラを叩きつづけて地上に戻らせないという戦法である。はなはだ原始的な方法ながら、命令一下国をあげての運動だったので、大いに効果をあげた。しかし、その結果として、スズメに食われていた穀物より大量の穀物を、スズメの脅威をのがれた害虫によって奪われることになってしまった。それから数年間、中国の農業生産がガタ落ちした原因の一つは、このスズメ退治にあったといわれる。

食物連鎖は生態系の最も重要な一環である。これを一度乱すと、生態系全体が混乱し、安定をとりもどすのに時間がかかる。農薬公害に対する認識から、天敵農薬へという声が高まっている。しかし、これも両刃の剣である。その天敵が自然の食物連鎖の中にうまくはいってくれないと、天敵の天敵が必要になってくるという事態だってありうるのだ。

産業界の食物連鎖

食物連鎖と同じような構造は、人間社会にも見い出すことができる。たとえば、産業界がそうだ。製鉄会社が製造した鉄鋼を使って建設会社がビルを作り、電機会社が電機製品を作り、造船会社は船を作る。石油化学工業が作るナフサ、エチレンからは、薬品、化学繊維、染料、プラスチック、合成ゴムなどが生まれていく。合成ゴムからタイヤが生まれ、タイヤを使って自動車が組み立てられる。プラスチックは家具に食器に、建築材料にと、ほとんどあらゆる製造業の原材料になる。

こうして、ある業種の製品は次の業種の原料となるという形で、産業界における原料・資材連鎖は、次々と網の目のように広がっていく。その入り組み方は、自然界における食物連鎖の複雑さにまさるとも劣らない。これを解明しようとしたのがロシアの経済学者W・レオンチェフの産業連関分析にほかならない。

原料・資材連鎖は食物連鎖と同じような構造を持っているが、その特性も同じだろうか？　たとえば、〝数のピラミッド〟、〝エネルギーのピラミッド〟が構成されているだろうか？

一見そうではないように見える。売上高、従業員数など、必ずしも基幹産業だから企業規模が大きいとはいえない。しかし、ちょっと視点を変えてみると、そこにはやはり同じような関係が成り立っている。資材のフローを金額でなく、重量で表わしてみる。そうすると、たしかに、いかなる産業でも原材料の重量よりは、製品の重量のほうが軽く、〝数のピラミッド〟が成り立っていることがわかる。

そして、食物連鎖のピラミッドで、上位に位している動物ほど高級であったように、この産業のピラミッドでも、上位にあるもののほうが、より加工度が高く、それだけ高級である。そのいちばん上位には、単品の製品を組み合わせるいわゆるシステム産業がくる。

穀物より肉の値段が高いように、エチレンの値段よりはプラスチックで作られた家具の値段のほうが高い。システム産業でも組み合わせる部品の数が多いほど高級である。工業製品の部品の数を考えてみると、ミシンは一〇〇個台、テレビ、工作機械になると一〇〇〇個台、自動車は一万個台、ジェット機は一〇万個台、宇宙ロケットは一〇〇万個台の部品数である。これよりさらに大きなものとして、コンピュータ利用の教育システムには一〇〇〇万個台の部品が必要で、住宅、運輸、消防、警察を含む都市システムとなると億の単位の部品がいる。

システムエンジニアの繁殖率は低い？

産業界の製品連鎖においても、上位者は下位者の存在を脅かしてはならない。いちばん下にあるものがくずれれば、上部全体もくずれる。鉄鋼業が基幹産業といわれるのも、こうした意味においてである。同じ理由によって、いずれのメーカーも、下請けの部品メーカーをギリギリまでしぼり取るが、決して倒産させるところまでは追いつめない。

〝類似〟というのは、必ずしも全面的に成り立つものではない。食物連鎖の下位のもののほうが体が小さいということは、産業界では成り立たない。鉄鋼業はいずれもマンモス企業だ。下位のもののほうが繁殖率が大きいということも、そのままでは成り立たない。ただ、見方を少し変えると、別の面で似たような現象がある。

鉄鋼業にしても、石油化学工業にしても、そこで行われている仕事はきわめて単純で、しかも、現場の作業の比重が高い。それに対して、上位の産業においては、より高級な技術労働者を必要とする。したがって、労働予備軍の存在量をもって比較すると、食物連鎖における繁殖率と似たような現象が見られる。つまり、肉体労働者よりシステムエンジニアの繁殖率が低いというようなことがいえるのではなかろうか。

ほかにも食物連鎖に似た構造は、食う食われるの代わりに、搾取被搾取の階級関係、支配被支配の権力構造にも見られる。数のピラミッドが成り立つこと、繁殖率のちがい、下部の存在によりかかっていることなど、説明するまでもないだろう。

4章　文明と自然は調和しうるか？

エネルギー収支の危機

人類史の三段階

これまでに述べてきたような、さまざまの物質循環、生物間の食物連鎖、そしてそれをつらぬくエネルギーの流れ、こうしたものが一体となってからみあっているのがエコシステム（生態系）である。そして、自然が生きているということは、エコシステムが円滑にはたらいているということである。

公害の発生は、エコシステムがうまくはたらかなくなりだしたことを意味する。病気が人体システムの動作不全に由来するのにならっていえば、公害は自然の病気である。

その病原菌は人間ということになろうか。病原菌を排除すれば、病気が治るにはちがいあるまいが、われわれ人間としては、その方策には賛同しがたい。では、どうすればいいのか？

それは、人間と自然の間に折り合いをつけることである。どうすれば折り合いがつけられるか、それを考えてみよう。

人類史を、自然との関係からみて、三つに分けることができる。まずはじめに、人類が自然のエコシステムの中に完全に組み込まれていた時代、つまり、他の動物たちと同じように、自然の物質循環、エネルギー回路の一部でしかなかった時代である。これは、人間が農耕と牧畜を覚えたときをもって終わる。

農耕と牧畜はおよそ一万年前にはじまった。エコシステムの一部を人間が自分に都合のよいように作り変えたのである。これによって人類の個体数は大幅に増加することができた。五〇〇万の人口が八六〇〇万にふくれあがった。産業革命まで続くこの時代の特徴は、人工システムがエコシステムの内部に完全に組み込まれていたことである。つまりこの時代においては、人類活動の大部分は食物の獲得が目的とされていた。人間の食物は、最終的には自然の生産力によってもたらされる。

人間はどんなことをしても、肉体の構造を生理的に改変しないかぎり、自然の食物連鎖からのがれることはできない。食物獲得行動がエコシステムの外に出られないのは当たり前といえば当たり前のことだ。食物生産に関与しない都市住民もいるにはいたが、それは人類全体からみれば、きわめて一部でしかなかった。

この時代の人類活動を保証していたエネルギーは、ほとんどすべてが同時代の自然が供給してくれるものであった。動力源は人力と家畜力であり、必要とされる火力は薪炭が主たる供給源で、石炭の利用量は取るに足りないものだった。

産業革命とともに第三の時代がはじまり、それは現代にまでひきつづいている。この時代の新しさは、人間が動力機関を発明したことである。それまで、火は暖房、調理、冶金、照明などにしか用いられていなかったが、動力機関によって火が力に変換されるようになった。その力を利用することによって、人類活動の範囲は食物獲得を直接の目的としない分野に広がりはじめた。動力機関にエネルギーを供給するために、化石燃料が大々的に掘り起こされるようになった。一八八〇年を境に、エネルギー源としての薪炭と石炭の地位が逆転している。

これが意味しているところは大きい。つまり、人工システムの維持に、同時代の自然が供給するエネルギーだけではやっていけなくなったということを意味するからだ。化石燃料は、過去の自然が蓄えておいてくれたエネルギーの貯金のようなものである。それを引き出して使うということは、エネルギー収支の面では〝赤字経済〟であることを意味する。

自然の〝貯蓄〟がなくなるとき

赤字がいつまでもつづくものではない。化石燃料が掘りつくされるまでの期間については諸説があるが、最も楽観的な計算でも、あと一〇〇年は持ちそうもない。そのときまでに、うまく原子力エネルギーに乗りかえないと、この巨大な人工システムが根底からくつがえることになる。

ネックはエネルギー面にだけあるのではない。エコシステム内の物質循環が乱され、人間を含む生物の生存に必要な環境が破壊されつつあることはすでに述べた。これは、人工システムがエコシステムのサブシステム以上のものになってしまったということを意味する。

自然と折り合いをつけるとは、人工システムをエコシステムのサブシステムの一つにもどしてやることを意味する。そのためにはどうすればよいか？

かつてルソーがとなえたように〝自然に帰れ〟と叫ぶことは現実性がない。たとえば、この時点で文明を否定してみたとする。すると、人類の三分の一はおそらく数カ月以内に死ななければならないはずである。文明による運搬手段がなくなってしまうことで食料の供給が止められる人間の数だけでそれくらいになるだろう。そして、死亡者は刻一刻時を追ってふえていくにちがいない。かなりの人が文明が作ってくれた人工的な環境にすでに生理的に適応してしまっているので、そのひ弱な体は荒々しい自然環境に耐えられないだろうからである。さらに一年後には世界的な凶作が起こる。農薬、肥料、農機具なしには農業がたちゆかなくなっているからである。

これは単なる机上の空想ではない。もし、化石燃料エネルギーを使い果たした後に、新しい十分なエネルギー源を確保できなければ、すぐにも現実化することである。

すでにわれわれは、文明なしでやっていくことはできないほど文明に飼いならされてしまった動物なのである。文明と人類は一蓮托生の関係にある。文明にはなんとかがんばって自然と折り合いをつけたうえで存続しつづけてもらわないと困るのである。

人工システムの効率化を

生物機能に追いつけないテクノロジー

自然が文明に対して拒絶反応を示しはじめた原因が二つある。一つは、文明がエネルギーを食いすぎること、もう一つは、システムの構造的不備である。この二点を改善しないかぎり、自然との折り合いはつかず、人類は自滅するのみである。

第一点については、人間の社会生活全般にわたって、低エネルギーシステムを開発する必要がある。これまで、エネルギー消費量が文明化、経済発展の尺度の一つとして用いられてきたが、その考え方を改めねばならない。

人工システムの維持に高エネルギーが必要とされるのは、効率が悪いことに原因がある。大体、人間が作り出したものは、なんらかの意味ですでに自然界にモデルがあるものである。飛行機は鳥、船は魚、自動車は馬、コンピュータは頭脳、照明は太陽光線……という具合いである。

これらのいずれもが、自然にあるものと比べると、かなり性能が悪い。たとえばコンピュータの場合、人間の頭脳と同じ性能に持っていくためには、大型コンピュータを数千台連結した霞ケ関ビルほどの大きさのコンピュータを必要とする。その消費電力は想像もできないほどのものになるが、それと同じ作業を人間の頭脳は、わずか一〇ワットの電球をともすぐらいのエネルギーを消費するだけでやってのけてしまう。しかも、それが生殖によって人間一人再生産されるたびに、それにともなって確実に一個ずつ再生産されてくるのである。

イルカは時速約三五ノットで泳ぐことができる。これに対して最高速の潜水艦は四〇ノットと少し速い。しかし、イルカが泳ぐのにほとんどエネルギーを費やさないですむのに、潜水艦は三万馬力ものエンジンをつけなければならない。この差が生まれてくるのは、イルカが泳ぐとき、体の表面を水がなめらかに流れていくのに、船のほうは船体にそって乱流が生じその抵抗力が船速が速いほど大きくなってくるからである。イルカの体表に乱流が生じないのは、イルカの皮膚が、薄くて弾力のある外層と、厚くて多孔性の内層との二層からなっているため乱流のもとになる水圧の変化が皮膚によって吸収されるからだといわれる。

ベトナム戦争でアメリカ軍は暗夜でも敵を識別する赤外線検出装置を使用しているが、

同じものをガラガラヘビも持っている。ガラガラヘビはこの装置を鼻と眼の間のくぼみに持ち、一度の一〇〇〇分の一の温度変化を見分けることができる。人間の皮膚は温度に最も敏感な部分でも一度の一〇分の一しかわからない。人工の装置は、感度だけ比べるとガラガラヘビのものより高性能になっているが、大きさが一〇〇倍で指向性が悪い。レーダーにしても、人間の作ったバカでかいものより、コウモリの持っている超音波レーダーのほうが小型のわりに性能がよい。

何にせよ、人間が作るものは性能の悪さを補うためにバカバカしく大きく、それを働かせるためにやたらとエネルギーを消費する。

最近、バイオニクスという新しい学問が脚光を浴びはじめた。これは生物工学ともいわれる。要するに生物をもっと技術的にうまくマネをして、もっと効率のいいシステムを作ってやろうという学問である。バイオニクスの発展いかんによっては、われわれの文明を維持するのに必要なエネルギーが現在の数分の一で済むようになるかもしれない。

タレ流しの経済活動

人工システムのもう一つの欠点は、ムダが多すぎることである。どんな工業生産過程をみても現材料が一〇〇％利用されるというものはない。工程の一つ一つでやたらと廃棄物が出る。工場の設計者はひたすら、いかに合理的に、安あがりに製品を作るかという点だけを考え、工程の途中で出てくる廃棄物については、まるで考慮の外である。

廃棄物はあくまでもムダなものであり、捨てるだけである。再利用など誰も考えない。もし、それを売って処分できれば、雑所得として計上するだけである。これは一つ一つの工場がその内部での合理性のみ追求して設計されているためである。それぞれの工場から出た製品の行方はアダム・スミスのいう〝見えざる手（インビジブルハンド）〟に導かれておさまるべきところにおさまることを期待されているだけである。〝見えざる手〟とは、無数の人びと、無数の企業それぞれが持つ無数の欲望の生態学的な相互作用にほかならない。

経済の規模が小さい間は文明以前の生態系のように、〝見えざる手〟が経済界をうまくバランスを保って運営していた。産業社会以前には、飢饉はあっても恐慌はなかった。現在の大量生産、大量消費社会では一つの企業からとほうもないほどの量の製品が吐き出されてくる。〝見えざる手〟はそれをかなり巧みに処理はしているが、ときどき計算が狂い不況が起こって滞貨ができる。

生態系が破壊されそうになったとき、それを保護し管理してやることが必要なように、経済も管理して行くことが必要だという発想が社会主義経済を生んだ。しかし社会主義を導く〝見える手〟は必ずしも〝見えざる手〟より巧みではないことは、社会主義国が資本主義国と比較してさほど経済的に成功しているとはいいがたいことでわかるだろう。〝見えざる手〟の本質は、欲望の自然生態系的バランスである。欲望の生態系的バランスが、必ずしも物資の移動の生態系的バランスにリンクしないということが自由放任の古典的資本主義経済に終止符を打たせた。

これに対して、社会主義の〝見える手〟はもっぱら物資移動の生態系的バランス作りを心にかけ、経済活動のモチベーションである欲望の役割を軽視したがために失敗している。

現在、双方の誤りが、社会主義経済への利潤政策の導入、資本主義経済の計画化という形で是正されつつある。石油化学コンビナート、食品コンビナートなどは、その内部では最大限にムダを排して組み立てられた企業間物資移動の生態系である。しかし、コンビナート全体を一つのユニットとしてみれば、その外部の経済環境に対しては、必ずしも生態学的バランスがうまくとられているわけではない。

ムダを出さない自然システム

人間の経済活動においては、いたるところでムダなもの、不自由なものが出てくる。しかし、自然の生態系においては無用なものは何ひとつない。すべてが生かされている。しかも効率よく生かされている。

燐の利用に例をとろう。先に、燐の自然界における循環のところで、バクテリアから人間にいたるまで、あらゆる生物がエネルギーの〝流通貨幣〟として燐化合物であるATPを利用していることを述べた。ATPがどのくらいのエネルギーを出すことができるかというと、大体、一キロで一四キロカロリーである。すると、成人男子の一日当たり必要熱量は二八〇〇キロカロリーといわれているから、それを出すためには、二〇〇キロのATPが必要だという計算になる。事実、人間はそれだけのATPを消費しているのである。

ウソのように思えるかもしれない。どんなに人間が腹いっぱい食べても、一日二〇〇キロの食物を食べることはできない。体重の三倍以上のATPを人間はどこから得てくるのか？　秘密はATPを使い捨てにしないことにある。ATPが分解してエネルギーを出すと、ADP（アデノシン二リン酸）という物質に変わる。ADPは、食物からエネルギーを受け取って、もう一度ＡＴＰに変わる。ＡＴＰ→ＡＤＰ→ＡＴＰというサイクルによって、エネルギーのバッテリーが構成されているのだ。

このサイクルには、二つのサイクルが接続している。食物のエネルギーがＡＴＰを合成するときに、食物はすべて、いったんアセチルCoAという物質に変化し、これが図９に示したようなＴＣＡサイクルと呼ばれるサイクルにのる。このサイクルの上でアセチルCoAは呼吸で受け取った酸素でゆっくり酸化していくのである。こんな七面倒くさい手続きを経てＡＴＰが合成されるのは、ムダを極力出さないためである。

エネルギーには、どんなに上手に利用しても、必ずムダが出るという性質がある。そのムダが出る度合いは、利用の仕方がノロノロしているほど少なくてすむのである。同じウランの核分裂のエネルギーでも、一挙に爆発させて原子爆弾として利用するのと、ゆっくり反応させて原子力発電に利用するのとを考えてみればすぐわかることだろう。

角砂糖三個の中には五〇〇グラムの水を沸騰させるに足るだけのエネルギーがある。その角砂糖に火をつけてみても、五〇〇グラムの水を沸騰させることはできない。エネルギーロスが大きいからである。しかし、人間の体内で、角砂糖が分解されてＴＣＡサイクルにのると、それはほとんどムダなくＡＴＰ合成に用いられる。この効率的なエネ

図9　TCAサイクル

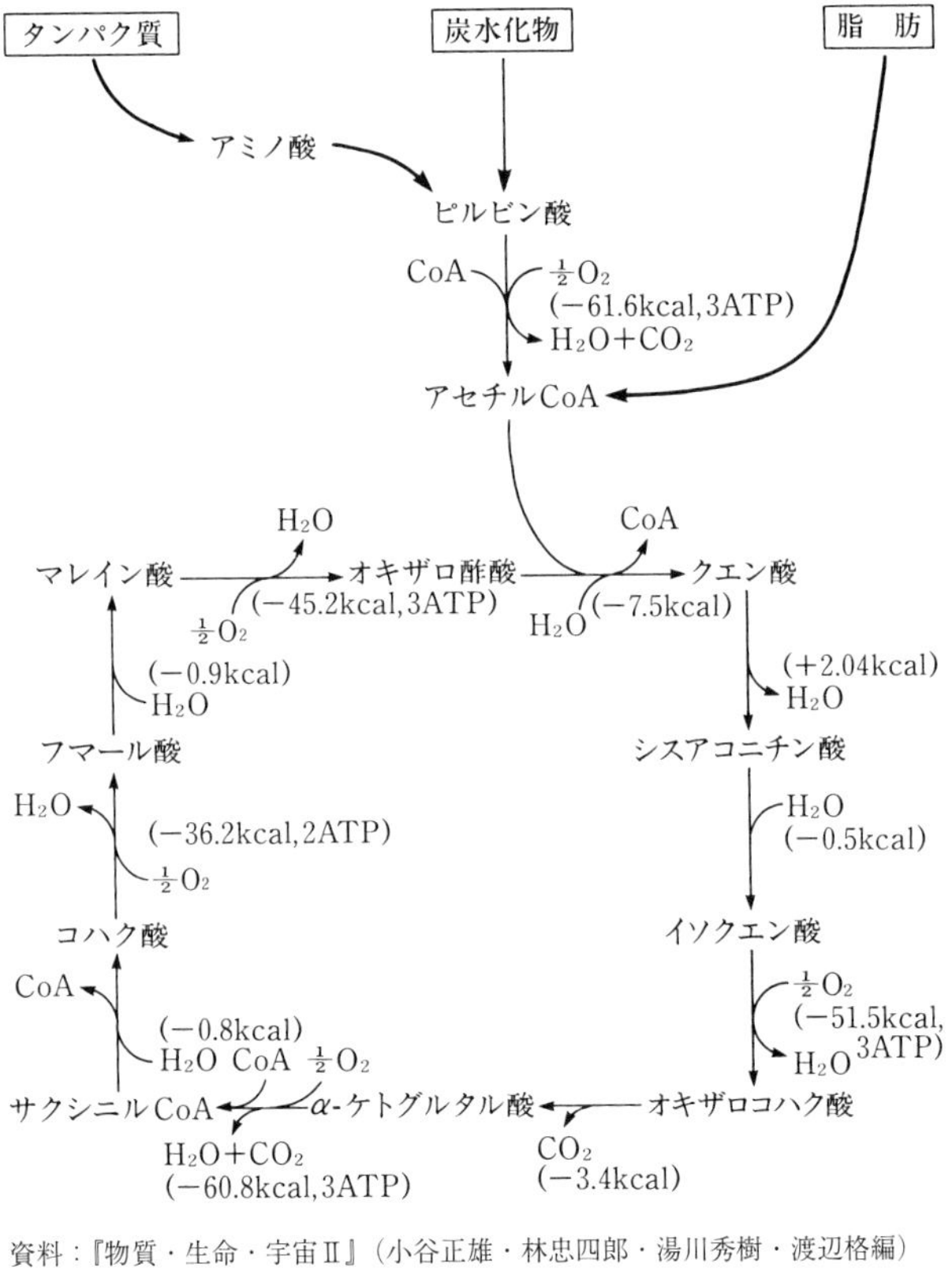

資料：『物質・生命・宇宙Ⅱ』（小谷正雄・林忠四郎・湯川秀樹・渡辺格編）

ルギー利用が可能だからこそ、人間は一日にたった三度食事するだけで、人体という精妙な機械をはたらかすことができるのである。

自然をトータルシステムとしてとらえる生態系生態学からわれわれが学ぶべきことは、これまでに述べてきたことでわかるように人間活動全体を自然のサブシステムとしてうまく機能するように、再調整してやることである。これまで人間は、自然の包容力に甘えて勝手なことをしてきた。しかし、自然の包容力にも限度があることは、全地球をおおいはじめた大気汚染、水汚染の公害によって明らかだろう。再調整に成功するか否かは、われわれ人類全体の生存につながる問題なのである。

Ⅱ　エコロジーは何を教えるか

5章　システムのエコロジー

最も弱い環が全体を支配する

リービッヒの最小の法則

こんどは、生態学の教えるチエを、もう少し細かくみていってみよう。その一つ一つはお互いに脈絡がない。なぜそうなのかも、根拠だてて説明することはむずかしい。しかし、それは事実として、真理なのである。チエとはそういうものだ。いずれ、より多い事実が集められ、より深い洞察が加えられたとき、これらのチエはあるいは知識の一部に組み込まれ、あるいは誤った観察にもとづくものとして捨てられるかもしれない。

そしてまた、これらの事実が教えるチエはどこまで一般化してよいのかも定かではない。が、少なくとも、これらのチエは試行錯誤に値するだけの価値は持っていると思う。以上のことを念頭においた上で、以下を読んでもらいたい。

植物の生育と養分の関係について、ドイツの化学者J・リービッヒの最小の法則というものがある。植物の生育には炭素、水素、酸素、窒素、イオウ、リン、カリウム、マグネシウム、カルシウム、鉄の一〇元素が不可欠であるといわれている。このうち特に不足しやすい窒素、リン、カリウムの三元素が肥料の三要素といわれている。リービッヒの最小法則は、これらの必須元素のうちでその場にある最も少ない量の必須元素がその植物の生育を左右するというものである。つまり、たとえばマグネシウムならマグネシウムの量が必要量以下だと、他の九種類の必須元素がどんなにたくさんあっても植物は成長できないということである。

私の卒業した大学では、毎年秋になると伊豆縦断レースというのが行われていた。このレースには、一人では参加できない。三人一組のチームを作るのである。別に三人は足並みそろえて走る必要はないのだが、そのチームの着順、ならびに記録はそのチームの最下位者の順位と記録をもってする、という規則になっていた。ほかの二人がどんなに速くても、残る一人がビリならばチーム全体がビリになってしまうわけである。リービッヒの最小法則はこのレースの規則のようなものだ。

アメリカの生態学者E・オダムは、あらゆる生物群について、リービッヒの法則を拡大して当てはめることができるといっている。生物の生育には必要不可欠な条件がいくつかある。大きく分ければ、エネルギーの流れ、物質循環、温度のような環境条件、同種の生物との相互関係の四つがそれである。この条件のどれを欠いても生物は生きてゆくことができない。むろん人間も例外ではない。

見分けにくい不可欠の因子

リービッヒの最小法則は、生物に対してだけではなく、もっと広く応用して考えることができる。あらゆる現象において、その現象をもたらすべき不可欠の因子が複数個存在する場合、必ずリービッヒの法則が成り立つ。

たとえば、たき火をしようとして火がつかなかったとする。なぜ、つかなかったのかを知るためには三つの条件をチェックすればよい。燃料があるか、酸素があるか、燃料が発火点以上に熱されていたか。燃焼に不可欠の因子はこの三つだからである。それによって、たきぎが湿っていたから、マッチの火だけでは発火点以上に熱することができなかったとか、燃やそうと思っていたものが不燃性の合成樹脂だったとかいうことがわかるはずである。

その事象に必要な不可欠の因子がすべてわかっている場合は簡単である。リービッヒの法則を逆用して、最も弱い環を強めてやればよい。このことは、定式化しないまでもある程度、誰でも日常行っていることである。学生は、落第点をとりそうな科目を一所懸命勉強する。野菜嫌いで発育不良の子供をもった母親は、せっかんしてでも野菜を食わせるか、ビタミン剤で補ってやろうとする。

しかし、不可欠の因子というのはそう簡単にわかるものではない。とりわけ人間ないし、人間集団がかかわる事象では、かかわる因子の数があまりにも多くて何が不可欠であるか見分けることがむずかしい。

昭和三十九年、池田前首相が病に倒れたとき、次の政権担当者を話し合いで決めるために、川島副総裁、三木幹事長が党内実力者を歴訪した。総裁候補としては、佐藤栄作、藤山愛一郎、河野一郎の三名の名があがっていた。このとき河野一郎は、自分が総裁になれることに絶対の確信をもっていたといわれる。しかし政権の座についたのは佐藤栄作だった。

これが河野一郎にとっては、政権への最後のチャンスであった。それから半年して、彼は病を得て急死している。たびたび政権獲得を噂されながら、河野一郎は、なぜ、総理になることができなかったのか。

政治家が一国の宰相となるために不可欠な因子が何であるか、誰も定式化した人はいない。政治的識見、国民的人気、財界での人気、金集めの能力、官僚の操縦力、党内での指導力、アメリカのホワイト・ハウス筋での評価、常に大義名分をわがものにする能力、健康であること、実際はともかく外見上身辺が清潔であること、マスコミを操縦できること、風貌においていかにも大物らしい貫禄があること、等々。すべてではないだろうが、ざっとこんなところが数えられる。

河野一郎はこれらの因子のうち多くの点で佐藤栄作にまさっていた。それにもかかわらず、清潔度、財界での人気などの点で決定的に劣っていた。佐藤栄作は総合得点はともあれ、最も弱い因子の得点で評価すると、河野一郎にはるかに抜きん出ていたのである。

人間の性格因子

心理テストにパーソナリティ・インベントリーという方法がある。これは、「新聞記者になるとしたら、政治ニュースより映画、演劇を担当したい」、「人混みや満員バスは嫌いである」、「友人が困っているときには、自分を犠牲にしてでも助けてやりたい」などといった数百の質問項目に対して「はい」「いいえ」「どちらともいえない」で答えさせていくことによって、人間を心理的な類型に分類してゆこうというものである。

質問のそれぞれは、人間の人格を心理的に構成していると思われる因子について分類を試みる目的をもっている。実をいうと、何が人間の性格因子であるかについては議論百出で定かではない。だから心理テストによって人間の性格因子の数も内容もちがう。

ギルフォードのテストでは、社会的内（外）向性、思考的内（外）向性、抑うつ性、気分変易性、のんき気さ、一般的活動性、支配性、男子性、劣等感、神経質、客観性欠如、愛想の悪さ、協調性欠如、の一三の因子を数えているが、キャッテルのテストでは、同調性―自閉性、高知能―低知能、精神的健康―精神的不健康、興奮性、支配性、衝動性―抑制性、道徳性、冒険性―臆病性、繊細性―堅牢性、利己主義―協調性、懐疑的―受容的、浪漫性―現実性、巧妙性―純真性、陰うつ性―明朗性、急進性―保守性、独立心ー依存心、意志力ー意志薄弱、精力過剰ー精力均衡、の一八の因子を数えている。これらの因子の組み合わせによって、性格を分類していくわけである。

既成の心理テストの当否を別にしても、人間のパーソナリティをいくつかの因子に分解して考えてみることは誤りではないだろう。そして、人間活動のそれぞれの領域について、不可欠な因子と、そうでない因子とがあるはずである。とりわけ、職業への適性を問題にする場合に、これが大きな意味を持ってくる。たとえば、低知能の人間は、どうがんばっても学者になることはできないし、冒険性が欠けた人間はテスト・ドライバーになれず、利己性に欠けた人間は高利貸になれない。

日本リクルートセンターという会社では、パーソナリティ・インベントリーの手法を応用して、職業適性、職種適性のためのテストを開発している。まだ完全なものとはいいがたいようだが、発想としては正しいだろう。セールスマンにはセールスマンの、中間管理職者には中間管理職者に必要な性格因子があるはずだからである。仕事をやらせれば抜群の腕を持つ男で、係長になったとたん、部下の者から猛反発をくい、忘年会の席上で袋叩きにあった男もいる。

アメリカはなぜベトナム戦で勝てないか

個人の問題ではなく、人間集団のかかわる問題においては、さらに問題が複雑になる。それだけ、かかわる因子の数が多くなってくるからである。

たとえば、西ヨーロッパにも、日本にも、ボリシェヴィキ革命が成功した当時のロシアよりも多くの職業革命家がいる。それにもかかわらず、革命は成功しそうにもない。革命に不可欠な因子のいくつかがまだ満たされておらず、それらの因子のいくつかは、革命家たちがいくら切歯扼腕(せっしやくわん)してもどうにも満たすことができない因子であるからにちがいない。それが何であるかは、内外の新左翼の機関誌を読んでみても、まだ暗中模索の段階にあるようだ。

アメリカがなぜベトナム戦争で勝利をおさめることができないのか。これも、戦争に勝つために必要不可欠な因子を正しく把握できなかったことにある。武力の強さは、なるほど不可欠な因子の一つであるが、それがすべてではない。

あらゆる事業において、もし成功したいと思ったら、そのために必要不可欠な因子を拾い出すこと。そして、そのすべてを満たしてやること。これがリービッヒの最小法則が教えることである。不可欠の因子以外は後回しでよい。そして、不可欠の因子については、それを網羅することが必要である。

チャネルは多いほどよい

システムの安定性をささえるもの

図7の尾瀬ケ原生物群集における食物連鎖の表（一二八〜一二九ページ）をもう一度見ていただきたい。

実に複雑に入り組んでいる。もし、自然が意図的に設計されたものであるとするなら、なぜもっと単純なシステムを作らなかったのか不思議な気がしてくる。食物連鎖の一つのレベルに、一つの種の生物しかいない場合には、なにか不都合が起きるのだろうか。地球上に一五〇〇万種もの生物がいる必然性はあるのだろうか。

食物連鎖だけではない。先に述べた水の循環、炭素循環、窒素循環など、あらゆる物質循環のシステムは、やたらにチャネルが多く、その厳密なフローチャートを描くことがほとんど不可能なほど複雑な回路網を形成している。

この複雑さが何に役立つかといえば、システム全体の安定性に役立つのである。変化に対する適応性は、チャネルが多いほど高くなる。一つのチャネルがだめになれば、別のチャネルが引き継ぐことができるからである。

生物社会では、それぞれの場において、優占種というものがある。ある水域の動物プランクトンではゴカイの幼虫が優占種であるが、別の水域ではミジンコがそうであったりする。が、一つの水域全体を、一つの優占種がおおいつくしてしまうということはない。必ず、いくつかの種が共存している。水温が変わったり、水が汚染されたりして、ある種が絶滅してしまうことがある。すると、大抵別の種がそれに代わって栄えはじめるのである。

地球全体の生物社会で、現在優占種とみなしうるのは、人間である。自然にとっては、人間も生物界のチャネルの一つにすぎない。

人間が愚行をつづけて絶滅すれば、別の優占種が出てくるだけのことである。

人間のなす環境破壊は、すべての哺乳動物に対しても害毒をまきちらしている。だから、人間が滅びるときには、哺乳動物も滅びてしまうかもしれない。そのとき、代わって地上の支配権を握るのは、人間とは別の進化の道筋の頂点に立っている昆虫類だろうといわれる。

効率至上主義の落とし穴

人工システムは、自然のシステムと比べると、驚くほど単純である。単純であることをもってよしとする風潮が人間の間に見られるのは、人間の思考能力の限界の低さを示すものであって、別にそれが本質的によいからなのではない。もっとも、そう誤解している人が多いというのも不幸な事実である。

ニューヨーク大停電はなぜ起こったか。配電のチャネルが単純すぎたからである。少ないチャネルで、単純なシステムを作ることにも、それなりの利益がある。効率をあげやすいことである。

たとえば、人間の食物獲得のためのシステムを考えてみる。狩猟採集時代には、自然が配置した生物群集の中から、食べられるものを選びとるという手間をかけなければならなかった。それには驚くほどの労力が必要で、他のすべての動物たちのように生活時間のほとんどすべてを、食物獲得のために費やさねばならなかった。食物獲得のむずかしさが人間の繁殖を押え、狩猟採集時代の地球上の総人口は、五〇〇〇万人程度でしかなかったと推定されている。

農耕と牧畜の発明は、特殊な場所を設定して人間に可食の生物群集をそこに集めて管理するという発想からきている。人間の可食性によって、作物と雑草、野獣と家畜とを区別し、その片方のみで構成される人為的な生物群集を作ったのが田畑であり、牧場である。

農耕牧畜の開始によって、食物獲得に関しては驚くほど効率がよくなった。この二つの技術を人類がわが物とすることによって、総人口は五〇〇〇万から八六〇〇万にふくれあがったのである。そして、食物獲得のために費やしていた時間が少なくなったおかげで余暇が生まれ、余暇から文化と文明が生まれ、文化と文明はさらに効率よいシステムづくりをめざし……という〝悪循環〟が、効率至上主義の現代文明を生み出したといえる。

最も安定したアナーキー社会

政治の面では、効率至上主義の単純システムへの指向が、中央集権的統治機構となってあらわれている。経済、社会のあらゆる面で、管理しやすい単純システムへの指向が見られる。

それがすべて誤りだったというのではない。しかし、効率と管理のしやすさを得るために、システムの安定性が犠牲にされているのだということを忘れてはいけない。そして、安定性の犠牲にも限界があり、効率の追求もその限界内にとどめなければならない。政治の面でいえば、きわめて能率が悪い代わりに、絶対的に安定しているのは、アナーキーな社会である。アナーキーな社会では、政変の起こりようがない。その対極にあるのが独裁制である。独裁制は、単なる宮廷革命によってくつがえすことができる。チャネルが少ない単純システムは、それがうまく働いている場合はいいが、どこかに狂いが生じてくると、故障したチャネルの機能を他のチャネルがすぐに引き継いでくれないので、システム全体が破壊されてしまう。ファシズムは国家全体を狂気にまきこみ、全体主義という単純システムを作りあげる。そしてその全国家的単一システムが倒れるときには、社会全体がまきこまれて破滅の危機に瀕することになる。これに対して、チャネルが多いシステムでは、一本や二本のチャネルがおかしくなっても、システム全体はびくともしない。

親会社を一つにしぼっている下請工場と、数社と取引きしている下請工場とでは、その親会社がうまくいっている間は、前者のほうがうまい商売をできるかもしれない。しかし、不況で親会社が苦しくなれば、そのしわ寄せをもろに受けることになる。同じことが、あらゆる企業の取引先、取引銀行などについてもいえる。健全な経済人は本能的に安定性確保の必要性を知っているから、複数のチャネルを持つようにしている。

企業のレベルでは常識であることが、国家のレベルでは行われていない。たとえば、日本の金外貨保有はドル一辺倒で、アメリカ経済と一蓮托生の関係にある。

核ミサイル発射のシステムは、偶発戦争を避けるために、スピード第一よりは、安全第一のために、わざと効率を悪くしている。それは、ミサイルによる偶発戦争が、人類滅亡を意味するという危機の認識が正しくなされているからであろう。

しかし、よく目を開いてみれば、同じような危機はほかにもある。たとえば、農作物の収穫効率をあげるために、生物社会を農薬によって一元化しようとすることによってもたらされる危機も同様に重大なのである。公害のほとんどすべては、効率至上主義から起きている。

これから文明のたどるべき方向は、より複雑で、より多様なシステムを、効率とスピードを落としても安全性を重視して作っていく方向にあるのではないだろうか。

自然にとっては、人間も生物システムの一つのチャネルにすぎない。人間が自滅しても自然は困らない。自然のシステムには、いつでもそれにとって代わるべきチャネルが用意されているからである。人間は自然なしではやっていけないが、自然は人間なしでやっていけるのである。

フィードバック機構をつくれ

アウトプットとインプット

フィードバックとは、アウトプットの一部をインプットに戻してやって、インプットの調節をはかることである。

いちばん簡単なフィードバックは、サーモスタットである。サーモスタットは、熱膨張率のちがう金属片を二枚背中合わせに張り合わせて作ってある。温度が上がると、片面がより多く伸びるので、湾曲する。するとその先端についているスイッチが切れる。温度が下がるにつれて、湾曲も元に戻り、再びスイッチがはいる。このくり返しで、こたつの温度が一定に保たれるわけである。

つまり、フィードバック機構の目的は、システムの出力を一定に保つことにある。

サイバネティクス（人工頭脳学）の出現以後、フィードバック機構はかなりポピュラーになった。テレビやステレオの自動音量調節装置などもその一例である。近代的な工場では、いたるところフィードバックが働いていて、ボイラーの温度、パイプ内の流量、モーターの速度などが自動的に調節されている。

しかし、その利用の仕方は、機械、器具など、無機的な利用がもっぱらである。

たしかに、他の面でも、経験的かつ手工業的フィードバック装置はある。

たとえば、中央銀行の金利操作とか、企業が不況時に人減らしをするなどは、その一例だろう。

しかし、自然のすみずみにまで存在する見事なまでのフィードバック機構に比べると、人間の利用の仕方はまだまだ足りない。

不安定な人工システム

たとえば、空気中の炭酸ガスが、数千年間ほぼ一定量に保たれてきたのは、先に述べたように、炭酸ガスがふえれば海水中により多く溶解し、炭酸ガスが少なくなれば、海水中に溶解していたものが空中に放出されるという機構があるためである。

食物連鎖も、一五〇万種の生物が共存するためのフィードバック機構が累積したものとみなすことができる。ある生物が多くなる。すると食物が足りなくなるので、餓死者が出る。それによって、数が元に戻る。

あるいは、図９に示したＴＣＡサイクル（一五五ページ）にしても、ピルビン酸の分解は、最終生成物質のオキザロ酢酸の量によって決定されている。そのように、自然界では、ミクロのレベルからマクロのレベルにいたるまで、あらゆるシステムがフィードバック機構によって自動調節されている。

これがあるから、自然は安定している。ところが、人工システムでは、まだまだフィードバックが不足しすぎている。

工場内のシステムで用いられている技術を利用すれば、河川の汚染が限度以上になれば、自動的に廃水の放出をストップさせるとか、大気中の亜硫酸ガス濃度がある程度以上になれば、工場のボイラーの火が消えるとかいう装置は簡単に作れるはずである。

働きすぎた人間は自動的に休息させられ、儲けすぎた人間は自動的に浪費せざるをえなくなるというようなフィードバック装置があってもいいような気がする。

6章　適応のエコロジー

環境を変えれば自己も変わる

遷移——万物流転する自然

生態学の主要な概念の一つに、遷移というものがある。実例で知ってもらうのが早い。裸の岩石の土地があるとする。岩石に定着できる植物は地衣類だけである。地衣類が岩石につくと、岩石をほんの少しだけ浸食して、土壌をちょっぴり作り出す。すると、そこにコケ類がやってきて、地衣類を押しのけてしまう。コケ類はもっと岩石を浸食して、それだけ多くの土壌を作り出す。ある程度土の量がふえれば、その土が水分を保持してくれる。土と水分さえあれば、小さな種子植物が育つことができる。種子植物はさらに岩石を土壌に変え、そのおかげで、だんだんと小さな植物から大きな植物が育つことができるようになる。やがて、小さな木が育ち、大きな木が育ち、森林が形成されていく。一応、それ以上は変化しないという安定した状態になったとき、それは極相（クライマックス）に達したといわれる。

大体、裸の岩石から森林が生まれるまでに一〇〇〇年、伐採地や、耕作が放棄された畑が森林になるまでには二〇〇年の年月がかかるといわれている。

クライマックスは永遠につづくというわけではない。なにしろ、自然の歴史に比べて人類史はあまりにも短いので、定かなことはいえない。しかし、非常に古い森林では、老衰とでも名付けられるような現象が起きていることが観察されている。

もっともたいていの地域では、これまでのところ、老衰するにいたる前に、台風、火災などの天変地異や、人間が手を入れることによって森林の成長は中断させられている。

遷移は植物の間だけで見られるものではない。植生が変化すれば、それにつれて、そこに生息する動物の相も必然的に変化していくものである。草原には草原の、森林には森林の動物がいる。

自然においては、万物が常に変わりつづける。生々流転が自然の実相である。

繁栄は凋落の条件

遷移はなぜ起きるのだろうか？

生物は、そのとき、そのところでの環境に最も適応したものが栄える。しかし、ある生物が繁栄すると、その生物の繁栄それ自体が別の環境を作り出す。その環境は、その生物よりも別の生物にとっての繁栄の条件を作り出す。こうして遷移は次の段階へと進み出す。

農耕という技術は遷移を人為的に妨害して、ある種の植物だけを常に繁栄させておこうとするものである。もし人間が畑の耕作や除草をやめれば、ただちに遷移は進行をはじめる。まず、いわゆる雑草が畑一面に繁茂する。翌年には同じ雑草でも、ヒメムカシヨモギ、ヒメジオンなどの、より丈の高い路傍雑草といわれる雑草が繁栄する。四〜五年たつとススキ、チガヤなどのイネ科の植物がそれにとって変わり、やがて、ヌルデ、クズなどが繁茂してくる。そして、一〇ないし一五年たつと、コナラ、クヌギなどの雑木林になってしまうのである。

その時代に最も栄えているものは、常にその次の時代に栄えるもののための土壌を用意しているのである。きわめてマクロの視点にたてば、三〇億年に及ぶ生命の進化史は、地球を舞台にくり広げられた壮大な遷移のドラマであったということができよう。魚類の時代は両棲類の時代を準備し、両棲類の時代は爬虫類の時代を準備し、爬虫類の時代は、哺乳類の時代を準備した。そして現在は哺乳類の一部である人類の時代である。

この遷移の系列が、人類の時代をもって終わるということは、生物学的な常識から考えられない。三〇億年の地球史のなかで、それぞれの時代においてわがもの顔に地球を支配していた三葉虫や恐竜などがそうであったように、われわれ人類も自己の活動それ自体によって環境を自らの存在にふさわしくないものに変えつつある。

もし人間が、自ら変えてしまった環境に生物学的に適応できなくなれば地球の支配権を次の生物に譲らなければならないのはあきらかである。

遷移には革命がつきもの

この遷移現象を人類の社会史の中に見い出したのがマルクスである。マルクスはそれを歴史の弁証法と名づけた。封建社会は絶対主義社会の土壌となり、絶対主義は市民社会を形成した。市民社会は社会主義社会を経て共産主義社会へという遷移系列をたどり、そこでクライマックスに達するであろうというのがマルクスの予言であった。この遷移を人為的に押し進める機関である革命党の理論をひっさげてレーニンが登場し、ロシアで遷移を一つ進めてみせた。

しかし、社会主義から共産主義への移行という次の段階の遷移は、うまくいきそうにない。なぜなら、あらゆる遷移の実例が示すように、遷移の進行とは、優占種の交代と同意義であるからだ。社会主義社会における優占種が権力の座についたまま、遷移が進行することはありえない。

遷移には革命がつきものである。優占種はその時代の環境に最も適合しているからこそ、優占種でありうるのであって、環境が変化すれば、凋落せざるをえない。たとえ、社会主義の次の段階が共産主義であるという予測が正しいとしても、その移行を担う主役は、社会主義社会の中でいま醸成されつつあるまだ知られていない種であって、現在の体制を担っている優占種ではないだろう。その新しい種がマルクスの予言を実現してくれるかどうかは、むしろ疑わしい。

先例がない遷移については、遷移の次の段階までは予測できても、次の次の段階までは予測不可能だからである。マルクスは、「空想から科学へ」を標榜しながら、次の段階の科学的な予測に、次の次の段階への願望を混ぜ合わせるという過誤を犯している。そして、彼のいう科学には、この空想の部分が豊かにあったがために、いつまでも魅力というよりは魔力を持ちつづけてこられたのである。

たとえば、進化史という遷移系列の未来を考えてみよう。現在の環境変化の進行から、優占種の交代が行われるとき、次なる優占種はいかなるものであるかについては、ほぼ科学的な予測ができる。次代の優占種は必ず先代の優占種の内部あるいはその近縁ののから生まれてくる。だから、現代の最優占種たる人類と昆虫類から生まれてくる超人類、超昆虫類がそれになるにちがいない。では、その次はどうか？　これはもう予測不可能である。彼らが営む生活、それによる環境変化がいかなるものになるか、われわれには何の資料もないからである。

それをマルクスの偉大さというならば、マルクスの偉大さは社会史においてこの予測不可能の地点までだんびら振りかざして斬り込んでみせたことにある。

遷移系列はローカルに進む

もう一つ遷移について知っておかねばならないことは、遷移系列は決して普遍的なものではなく、ローカル性があることである。

気候一つとっても、環境はローカルによって個別性を持っている。また、同じ気候区にあっても、砂丘の上に展開される遷移系列と、内陸部で展開される遷移系列とではおのずから異なってくるのは当然である。

社会的な遷移についても同じことがいえるだろう。マルクスの嫡子(ちゃくし)たるべきヨーロッパ社会主義はついに誕生せず、ヨーロッパ社会はすでに別の遷移系列をたどりはじめている。それを正確に跡づけて未来を予測している人は誰もいないが、ヨーロッパ社会の次代の相貌は、この社会が現在内包しているものを分析することによってのみ知られるのであって、マルクスに帰ることによってではないのは明らかである。

マルクスの巨大な二人の庶子(しょし)、ロシア社会主義と、毛沢東主義は、それぞれローカル色豊かな別の遷移系列を歩みはじめている。両者の次の遷移段階が、いついかなる形でやってくるのか、もう少し時間がたたないことには、誰にもわかるまい。暴力的になされた環境変化が定着して、現在の優占種に代わる新しい種を生むには、まだ時間が必要だろうからである。

環境変化に適応するには

遷移現象は、もっとミクロのレベルでもいろいろ発見することができる。たとえば、産業界における優占種の交替もそうだ。かつての繊維産業、つい最近までの自動車産業は優占種の典型である。

ここにおいても明らかなことは、優占種は自己の繁栄そのものの中に、自己の衰退の原因を発見せずにはおかないということである。自動車がこれほど売れなければ、自動車産業もこれほど苦境には陥らなかったろう。逆説的なようだが、繁栄の追求は同時に墓穴を掘ることでもあるのだ。電機産業における主力製品の移り変わりをながめても、そこに遷移現象を発見することができるだろう。すべての産業活動は経済環境を変化させる。その環境変化に応じて、自己の体質を変革させていかない産業は、斜陽産業化していく。

同じことが、もっと個人的なレベルにおいてもいうことができる。たとえば、今日もてはやされているコンピュータ技術者も、いつラジオの修理技術者の存在になるかしれたものではない。ジェットパイロットとタクシーの運転手が交代する日だって遠くはないだろう。

生物社会における生物は、自己の形態や機能まで変化させて環境変化についていくのはむずかしい。だから、遷移の流れに流されていかねばならない。

しかし、産業や人間はちがう。たとえば帝人という会社がある。かつては旧社名、帝国人絹でもわかるように、人絹を作る会社だったが、戦後は合織メーカーに脱皮することによって環境適応をなしとげた。それだけにとどまっていたら、再び斜陽産業化するところだが、ここ数年の間に、またも見事な変身をとげている。現在の帝人を一つの業種に分類することはむずかしい。その事業内容は、合成繊維製造からファッションビジネスまでの繊維事業、石油、チタンなどの天然資源開発、石油タンパクを利用しての食品事業、デベロッパーとしての住宅事業、合成樹脂、フィルムなどの化成品事業、それに情報産業にまで進出するという形で、新しい時代の経済環境へ向かって体質変革をなしとげている。

個人でいえば、糸川英夫氏は、大学卒業後飛行機会社にはいり、そこで七年間過ごしてから、医学分野に転向して脳診断技術の開発に取り組み、その次は音響学に転じてヴァイオリンを研究し、次いで宇宙開発を一〇年やってロケット博士の名声を高め、その後はシンクタンクを組織して、海洋開発から情報産業にまで取り組んでいる。この華麗な変身をとげたが故に、糸川氏は技術環境の激変の中で、常に優占種のエンジニアのトップグループの中に数えられてきたのである。

最適条件はガマン状態である

自然界に充満する生命力

あらゆる生物は、環境に働きかけて、自分に適した環境を作り出そうとする。なにをもって適した環境というかといえば、個体としては生育、種としては繁殖の度合いによってはかられる。つまり、どんどん育って寿命が伸び、子孫がどんどんふえていくということが、生物学的な成功である。

しかし、あらゆる生物にとって、完全な最適条件が現出したら、大変困ったことになるのである。というのは、どの生物も、潜在的には恐るべき繁殖能力を持っているからである。

ダーウィンが、象の繁殖能力から、こんな計算をしている。象は三〇歳になって生殖をはじめ、九〇歳まで生殖能力を維持する。この間平均六頭の子供を産む。この子供たちが、途中で若死にせずに、みな大人になるものとするならば、一対の象から出発して、七五〇年後には一九〇〇〇万頭の象の大群が出現することになる。象は、動物の中では、最も繁殖能力が低いほうである。その象にしてこうなのだから、繁殖力の強い種では、それは天文学的な数字になる。

イワシの産卵数が二万から一〇万であることは先に述べた。植物になると、もっとすごい。雑草の一種であるオオアレチノギクは、一本から七万〜七〇万の種子を生産する。自然界は、こうした潜在的な生命力で充満している。日本のどこでも適当な地面を一平方メートルとってみると、そこには数十万から、数百万の植物種子がころがっている。しかし、そのうち発芽してくるのはせいぜい二万足らずなのである。

ゾウリムシは単細胞生物なので、細胞分裂によってふえていく。その分裂のスピードは、二二時間で一回である。一匹のゾウリムシが、一月一日に分裂しはじめ、その子孫がすべて生き残ってゆくとする。すると、驚くなかれ、四月十二日には、地球と同じ大きさのゾウリムシの塊ができてしまうのである。

あるいは、アメリカのインジアナ州のある森で鳥の繁殖を調べた報告がある。それによると、一二種類が一七〇の巣を作っていて、そこには五九八個の卵があった。そのうち孵化したものは半数以下の二三一個。そして、ヒナ鳥たちはヘビに食べられたり、悪天候で死んだりして、巣立つことができるまで育ったのは、さらにその半数以下の一〇五羽だった。この若鳥たちにしても、親鳥になるまでには、さらに半数程度に減るだろうと推定される。

迫りくる人類の大爆発

生物のこうした恐るべき繁殖能力は、その生物が生態系の一部に組み込まれていることによって、適当に押えられている。しかし、この歯止めが失われると、生態的大爆発と呼ばれる現象を起こして、突然、個体数が極度に大きくなって、ついには食物がなくなって一斉に餓死したり、あるいは集団発狂したかのごとくに水に飛びこんだりして自滅していく現象がときどき観察されている。

人類の有史以来の人口数の伸び具合いを調べてみると、明らかに、人類は人口大爆発を起こす寸前のところまできている。医学や環境衛生学の発達のおかげで、人間はなかなか死ななくなった。ところが、生殖のほうは、昔通りにやっているから、こうなってしまったのである。全地球的な規模で人口調節をしなければならない時期にきている。

環境がよすぎることは、生態的大爆発を起こすということだけで、よくないというのではない。生物がその機能を完全に発揮するためには、最適条件よりも、むしろ我慢状態のほうがよいのである。

雑草はよく力強いものの代名詞に用いられる。しかし、雑草が力強いのは、最適条件になるのを人為的に押えられているからである。雑草は生えるそばから抜かれる。雑草はそれに対抗して、自分の持てる力をふりしぼって、生命を維持しようとする。これが雑草の強さを生む。雑草が生えてもそのままに放っておけば、一時的には雑草は最適条件を得て大繁茂するが、せいぜい数年で自滅してしまうことは遷移のところで説明した通りだ。

人類は自然の中に最適条件を作り出すために数千年にわたって奮闘してきた。その戦いにおいて人類は英雄的な強さを発揮してきた。そして、ここにいたって、生物としては、ほぼ最適条件に近いものを得るにいたったようだ。ネアンデルタール人の時代の平均寿命は三〇歳以下だったのが、いまや七〇歳にならんとして、総人口五〇〇〇万程度だったのが四〇億に迫ろうとしている。個体数増加曲線が、爆発地点にさしかかろうとしていることでもそれはわかる。そして、自然と命を賭けて戦っていた時代の気力に代わって、現代の文明の上にたれこめているのは倦怠の空気である。

ただ、他の生物と人類がちがうところは、危機を認識して、危機の意識を持つことができる点である。その意識が、最適条件の中にあえてガマン状態を作り出して、危機を切り抜けさせる可能性はある。

ストイシズムの価値を見直せ

人間は、同じ種の中においても、特定の集団が共同して、残りの集団を搾取することによって、自分たちだけの最適条件を作り出そうとする階級支配をよく行ってきた。古くは貴族、近くは資本家といった集団がそれである。この連中の運命をながめてみると面白い。

貴族にしても、資本家にしても、二種類ある。一つは、その最適条件に溺れて、全く懶惰（らんだ）になってしまった人々。もう一つは、最適条件に甘んずるをもってよしとせず、自らハードシップを課して、生活を律したものである。前者は例外なく、ほどなくして凋落したが、後者は支配権を握りつづけた。

現代日本の経営者と労働者をながめてみても、この両者が見られる。懶惰な経営者はほどなくして失脚し、労働者より苛酷な労働を受け入れている経営者は、身を全うしている。これに対して、労働者のほうは、どちらかといえば、もっぱら最適条件の獲得にあくせくして、獲得した条件の中で懶惰に流れている者のほうが多い。日本の資本主義が安泰である所以はここにある。

最適条件が大衆的に現出されつつある現代においてこそ、ストイシズムの価値がもう一度再認識されてよいのではないだろうか。

破滅は上位・中心部からはじまる

デッド・センター

〝デッド・センター〟ということばがある。植物の群落が大繁茂して過密状態になったとき、その群落は中心部だけが死滅して周辺部は生き残るという形で自己救済をはかるのである。

文明の興亡史をながめてみると、同じ現象が起きているのがわかる。ローマ文明は、ヘレニズム文明の周辺部が生き残ったものであり、ヨーロッパ文明は、ローマ文明の周辺部であった。そして、現代のアメリカ文明は、ヨーロッパ文明の周辺部なのである。

中国史においても似たようなことがいえる。南北間での文明の中心の移動、周辺の異民族と漢民族との間での政権のやりとりが、それに当たる。日本史においても、平安、鎌倉、室町、江戸と、政治の中心はいつも、ときの中心部から周辺部への移行として現われている。明治維新においては、場所的な中心部の移動はなかったが、それは、新しく政権を握った薩長という周辺部が中心部へ移動してきたからである。

この考え方からいって、二一世紀は日本の世紀という未来学者ハーマン・カーンの予言も故ないことではない。現代アメリカ文明の周辺部にあって、目下ベクトルがいちばん上向きなのは、日本だからだ。

これまで地球史に登場した動物の科目を数えてみると、ざっと、二五〇〇科になる。そのうち三分の二は絶滅し、残っているのは三分の一にすぎない。なにが原因でかくも多くの種が絶滅したかについては諸説がある。いずれにしても、環境の激変があって、その変化に適応して生き残ることができなかったためといわれる。

いちばん弱い都市住民

生物は環境に適応して生きているといっても、その適応には幅がある。適応の幅が大きい生物もあれば、小さい生物もある。魚でいえば、スズキ類はかなりの水温変化に耐えられるが、ニジマス類は狭温性といわれ、温度変化に弱い。マスとスズキの両方がいる渓流(けいりゅう)沿いの森林を伐採したとする。太陽光線が直接当たって、水温が二〜三%上昇する。するとマス類は死にスズキ類は生き残る。

適応の幅が広いということは、生活できる場所の範囲が広いということである。そういう生物は、ある特定の場所においては、その環境によりぴったり適応した生物よりも、生活力が弱い。逆に、適応の幅が狭い生物は、自分に適した環境の中では抜群の強さを持つが、一旦その外に出ると、もうどうにもならない。

注目すべきことは、どちらかというと下等な生物ほど適応の幅が広く、高等な生物ほど適応の幅が狭いことである。

古生代から、絶滅した生物を考えてみると、その時代時代の高等な生物から滅びていることがわかる。三葉虫は甲殻類の頂点にあったものだし、恐竜は爬虫類のチャンピオンだった。それに対して、プランクトンとかバクテリア、微生物などの下等生物は、七億年もの長きにわたって、種としての生命を長らえている。

現代の高等生物のナンバーワンは人類であるから、地球の現環境が危機に直面したとき、まっさきにやられるのは人間であろう。それも、過密状態にある都市部の人間からということになりそうである。

高等生物の弱さは、その繁殖能力の弱さにもある。下等生物はライフサイクルが短く、子孫が多い。だから、環境がかなり急速に変わっても、それに適応できる変種を産み、それによって種を存続させることができる。たとえば、人間がいかに強力な薬品を発明しても、ほどなくしてそれに対する耐性を持つ菌が生まれてくることなど、その好例である。

最近では、あらゆる生物のウィークポイントであると思われていた放射能に対する耐性を持つ微生物すら発見されている。それも、時間単位、日単位で世代が代わる微生物ならではのことである。

変動に強いナンデモ屋

平常時には上位のもの、中心部のものほど強いが、危機の時代にはその逆になるということは、人間社会にも当てはまる。庶民は革命を恐れない。なぜなら、革命によって首がチョン斬られるのは、常に上位のもの、中心部のものでしかないからだ。庶民はいかなる時代変動にも適応することができる。それができないのは、貴族やインテリである。

アリの一種で、奴隷アリを使用して生活をたてている貴族アリがいる。奴隷アリは、貴族アリの巣の世話から、食事の準備までしてやる。この社会から、奴隷アリだけをとりのけてしまう。すると、残された貴族アリは、目の前に食物源があっても、それをどうしてよいかわからず、飢え死にしてしまうのである。終戦直後、ヤミで食糧を手に入れることができず、配給だけに頼ろうとした結果、ついに栄養失調で死んでしまった裁判官の話を思い起こさせる。

平常時には、適応範囲を限ることによって適応度を高めたものが強く、危機の時代には、適応度は低くとも、適応範囲の広いもののほうが強いということは、ゼネラリストとスペシャリストの優劣比較にそのまま通じる。

ひところ、スペシャリストの時代といわれ、スペシャリストがもてはやされたことがあった。たしかに、スペシャリストは、その専門領域が時代の要請に一致しているときは強い。しかし、そうでなければ、無用の長物である。危機の時代、変動の時代には、専門家よりも環境変化に臨機応変に対応できるなんでも屋のほうが強いのである。

現代の生活環境、経済環境はあまりにも急テンポに変化しつつある。うっかりスペシャリストをめざして、一つのジャンルの中に自分の機能を固定してしまうと、そのジャンル全体が消滅して、いきどころがないといった悲劇的な事態さえ起こりかねない。スペシャリストをめざすにしても、融通がきくスペシャリスト、つぶしがきくスペシャリストであることが必要だろう。

7章　倫理のエコロジー

善悪は相対的である

害敵皆殺しは正しいか

善悪といっても、これは別に倫理学の命題ではない。原理的に善とは何ぞや、悪とは何ぞやということを問題にしようというのではない。

自然界において、われわれが悪と呼び、善と呼んでいるものは、よく考えてみれば、たいへん恣意的な善悪でしかないということをいいたいのである。

自然はあるがままにある。全体としての自然の中には善も悪もない。自然の一部を切り取ってきて、そこに一つの座標軸をはめ込む。善悪が生じてくるのは、その後である。

人間は、人間に対して害を及ぼすものを悪と呼んでいる。むろん、人間は人間として生きつづけねばならないのだから、それは当然といえば当然である。しかし、問題なのは、何が人間に対して害を及ぼし、何が益をもたらすかを考察するときに、考察の範囲をあまりに狭く限定してしまっていることだ。

害虫ということばがある。人間に不快を及ぼす。人間の食物を食べてしまう。家畜、農作物の成長を阻害する。こういった生物は害虫であるといわれる。人間のためには害虫は有害無益の存在と考えられ、そこに害虫撲滅の思想が生まれる。ここで座標軸を人間の側から、害虫と呼ばれる生物の側に移して考えてみたらどうだろう。たちまち人間こそが〝害獣〟であるということになるだろう。

自然にとっては、どちらも片寄った見方でしかない。人間と〝害虫〟との間の闘争は、自然を構成している無数の闘争の一つの形態にすぎない。自然はそうした闘争の限りない拮抗の上に成立している。そして、人間存在は自然の存在を前提にしているのであるから、巨視的に考えれば、害虫もまた人間に役立っているのである。

害虫との戦いを放棄しろというのではない。戦うこと自体は自然である。すべての生物は敵を持ち、その敵と戦いつづける。しかし、その戦いが、相手の種族を全滅させるジェノサイドの段階まで押しすすめられるなら、これはもう自然に対する反逆である。害敵撲滅の思想は、生物界に持ちこまれたアウシュヴィッツの思想といってよい。その結果が何をもたらしたかは、食物連鎖の項ですでに述べた。中国のスズメ撲滅運動の結果が、害虫の大発生による大凶作であったように、ジェノサイドは取り返しのつかない惨禍をもたらす。

“清濁あわせ呑む”大人物

自然界において各生物がそれぞれに持っている害敵は、ミクロのレベルではいないほうがよい存在であるが、マクロのレベルではいなくては困るという弁証法的な存在である。害敵撲滅の思想は、ミクロのレベルでは正しい論理を、マクロのレベルにまで盲目的に押し広げることによって成立する。

もし、絶対的に害のみをもたらし、悪のみを働くような存在があるなら、その存在を根絶やしにするのは正しい。しかし、善悪、害益が表裏一体になっている存在を抹殺してしまうのは正しくない。

これは自然界に限らない。人間社会においても同じことである。禁酒法が、飲酒による弊害を防ごうとして、いかなる禍（わざわい）を社会にもたらしてしまったかは、一九二〇年代のアメリカ社会が証明している。また日本でも、売春防止法の成立当時、これはザル法であるから、売春を根絶することはできないと非難された。事実その通り、売春は完全になくなってはいない。しかし、むしろだからこそよかったのだともいえる。この法律がザル法でなく、もしほんとうに売春を撲滅してしまうものであったなら、一時的にそれに成功したとしても、その後なにが起こっていたか。おそらくそれは売春撲滅論者も決して望んではいなかったような事態であったにちがいない。

人間社会に根絶すべき悪や悪人がはたして存在するのかどうか、これは疑問である。いかなる悪行や、悪人も、マクロの視点からは弁証法的に是認できる存在になっているのではないだろうか。悪を禁じ、悪行者を制裁するまではよいとして、それがジェノサイドにまでいきついたら、人間の人間に対する越権行為になるのではないだろうか。

幸い多くの社会では、きわめて特殊な行為だけが、罪刑法定主義によって裁かれるだけである。しかし、歴史上にはときどき、偏狭な価値体系をもった厳格主義者が為政者として登場し、その価値体系を容認しないものを抹殺しようとする。ファナティックな宗教思想ないし、宗教的思想の持主が為政者になった場合には、ほとんど例外なくそうだった。古くは、キリスト教徒の抹殺をはかったローマの諸皇帝、あるいは新教徒を聖バルテルミーの日に虐殺したシャルル九世、近くは共産主義者と反共主義者とが方々で似たことをしている。

人類史において、社会全体が価値体系について完全なコンセンサスを成立させた実例はない。おそらくそれは求めるほうが無理というものなのではあるまいか。倫理を考え抜いたカントが到達した結論は、倫理は形式においてしか成立しないということだった。それにもかかわらず個々人は、なんらかの価値体系を持たずにはいられない。そこで人は、自己の価値体系が個的であることに満足することを学ばねばならない。

どこの企業でも、嫌われ者の管理職者がいる。例外なく、自己の価値体系の相対性を学ぶことができなかった人物である。一〇人の人間を管理する人物は、少なくも一〇通りの価値体系を是認していなければならない。古来、大人物の特性の一つとして〝清濁あわせ呑む〟ことがあげられている。いいかえれば、多様な価値体系を認めるということである。

人類の自然への対し方をみていると、人間の価値体系を自然全体に押しつけようとし、まだ〝清濁あわせ呑む〟ことを学んでいないようだ。それなのに、この巨大な自然の管理者に成り上がろうとしている。このままいけば、嫌われ者の管理者となり、自然から総スカンを食うだろう。

寄生者と宿主

すべての生物は寄生者を持つ

自然界から寄生という現象を排除して考えることはできない。あらゆる生物が寄生者を持つと考えてさしつかえないほどである。寄生者を持たない生物をさがすには、バクテリアのレベルまで下らなくてはならない。

たとえば一羽の鳥をとりあげてみる。そこには幾種類かのダニ、シラミ、ノミ、ヒル、条虫、尖頭蠕虫（せんとうぜんちゅう）、回虫、吸虫、眠り病虫、舌形類、らせん菌、鞭毛虫、アメーバといった寄生者がたかっているのが普通である。その種類の多さについては、五六種類の鳥の巣を調べたところ、ダニなどの節足動物だけで五二九種類もいたという報告がある。また数の多さについては、一羽のダイシャクシギから、一〇〇〇匹以上のハジラミが見つかったという報告がある。

人間については、文明国ではノミもシラミも退治され、回虫などの寄生虫もほとんどなくなっているから、寄生者は求めるのがむずかしいだろうと考える人がいたら誤りである。人間の体内にも、いたるところ寄生生物がいる。消化器官、分泌腺、肺、筋肉、神経などにウヨウヨいる。寄生者とは、必ずしも回虫、ジストマなどの大型生物だけをさすのではない。大腸菌のような菌類も含むのである。

人間はふだんはこうした寄生者のことを気にもとめていない。ときどき寄生者が、ただ寄生していることに甘んぜず、人体の組織や器官の働きを壊しにかかることがある。このとき人間は病気となり、その寄生者は病原体と名づけられる。そして、人間は病原体を追い出すためにやっきとなる。

おろかな寄生虫――人間

病気は寄生者のおごりによる失敗である。巧みな寄生者は、宿主を殺さない程度に甘い汁を吸いつづける。宿主を殺してしまっては、自分も死なざるをえないからである。病原体微生物は、たびたび猛威をふるって疫病を流行させたことがある。しかし、いかなる疫病もそう長続きするものではない。宿主の死につき合っていれば自分も死ぬ。

宿主が死なないうちに、別の宿主のところに移動しようと思っても、周囲の人間がバタバタ倒れて生息密度が低くなっているので、それもできない。ということで、疫病は終焉するのである。病原体微生物による病気は古代からあった。しかし、それが流行病となったのは、人間が都市をつくり、人口密度を増加させ、寄生者が宿主の間を移動しやすい環境をととのえてやったからである。

家畜や農作物の間には、豚コレラ、ニューカレドニア病、イモチ病といった流行病がやたらと発生するが、自然林や自然草原の動植物の間には別に流行病が発生しないのも同じ理由による。家畜や農作物のために人間が作ってやった単一の環境は、病原体微生物にとっても、心地よい環境なのである。

寄生という現象を広義に解釈してみる。すると、人間の自然界における位置も寄生者にすぎないことがわかる。

人間という寄生者は、自然という宿主に寄生しているのであるから、自然を殺さない程度に利用すべきなのである。病原体微生物のように、宿主の生命を破壊するという愚を犯してはならない。宿主を変えようにも変えることができないからである。すでに地球自然は病みつつある。このへんで、毒素の排出を人間がやめないと、元も子もなくなりそうである。

弱者は卑劣に生きよ

生物間の相互扶助

寄生に対して、共生という関係がある。共生にはさまざまのレベルがある。最も理想的な共生関係は、相利共生、あるいは相互扶助と呼ばれる。二種の生物が互いに利益を与えると同時に、利益を受けあっている対等の関係である。共生の中でも、寄生に近いものは片利共生と呼ばれる。片方の生物は利益を得るが、もう一方は別に益も害も受けないという関係である。

現実に展開されている生物間の関係は、それぞれ与えあっている利益と害が微妙で、いちがいに、どれが相利共生、どれが片利共生とは決めかねるものが多い。クジラの皮膚に、フジツボが取りついている。クジラは別にフジツボがあってもなくても変わりはないが、フジツボはクジラにくっついていることによって、移動の便を得ている。移動できれば、新しい餌場を得ることができる。カニの背中についているイソギンチャクがいる。イソギンチャクはそれによって移動の便を得ている。しかし、この場合は、カニも、イソギンチャクによってカムフラージしてもらうという便を得ている。

マメ科の植物には、根にこぶがあって、そこにバクテリアが住みついている。このバクテリアは、養分をマメから得ているが、その代わり空気中の窒素を固定して、植物が吸収できる硝酸塩の形に変えてやっている。しかし、バクテリアの寄生するこぶの数が多くなりすぎると、マメは枯死してしまう。むろん、その結果としてバクテリアも死んでしまう。

イソギンチャクやクラゲはトゲのある触角で生物を捕えて食べている。ところが、この触角の間で生活している小さな魚がいる。これらの魚は、触角によって捕えられず、逆に保護を受けている。そして、もっと大きな魚をおびき寄せる役目を担っている。サメの周囲を回遊しているパイロットフィッシュも、同じような関係にある。他の魚をおびき寄せる役目を担うと同時に、サメの保護を受け、かつ食べ残しの餌をもらっているのである。アフリカミツオシエという鳥は、ミツバチの巣を見つけては、それをアナグマに教えてやる。アナグマはミツバチの巣を襲って、それをバラバラに引き裂き、ミツバチを全滅させる。ミツオシエは、ミツバチの針がこわいので、それまで待っている。

ハチが全滅してから出ていって、ゆっくりと巣の中の蜜ロウをちょうだいする。

動物と植物の間にも相互扶助の関係がある。チョウやミツバチが蜜を求めて花のところにやってくる。花のほうでは蜜を与える代わりに、花粉を昆虫に運んでもらって受精する。

歴史は悪徳で満ちている

寄生よりは共生、片利共生よりは相利共生がよいなどといってもなんにもならない。人間のこざかしい倫理観を持ち込んでみたところで、得られるものは何もない。自然は人間が考えるよりもきびしい。倫理を持ち込むことができるのは、力関係が等しい場合に限られるのではないだろうか。

弱いものは弱いものなりに精いっぱい生きなければならない。そのためにあるものはずるさを学び、あるものは卑劣さを選び、あるものは図々しさを覚え、あるものはさもしくあらんとするのである。

大体、倫理的動物である人間にしてからが、種の異なる動物に対するときは、あらんかぎり卑劣な手を使って恥としない。あらゆる狩猟の仕方を見れば、それが例外なくだまし討ち、闇討ちに類するものであることがわかろう。

人間は自然界で弱い存在であったがゆえに、ありとある卑怯な手を使って種の存続をはかってきた。人間が種社会内では倫理を叫び出したのも、その習性が種内関係にまで持ち込まれたときに想定される事態が身の気もよだつものであることに気がついたがゆえかもしれない。しかし、いかに聖人君子たちが倫理を声高に叫ぼうとも、長年つちかわれてきたこの習性はおおいかくしうべくもなく、歴史は悪徳で満ち満ちている。

人間に美徳もあることを否定するものではないが、それと同じだけ悪徳の天性があることを忘れてはなるまい。鳩のように率直であると同時に、蛇のごとく狡猾でなければこの世は生き抜いていけない。衣食足りて礼節を知るのが道理で、衣食足らざる間は、礼節をさておいても生きることを求めるのが人間の生物的本性である。

実際、世の中をながめまわしてみれば、美しい相利共生関係ではなく、寄生から片利共生関係にいたる、あるいはずるく、あるいはさもしい関係が人間社会の中にもいたるところ展開されていることがわかるだろう。

これを倫理の名において難ずるのは当を得た話ではない。同じ人間同士の間にも、弱者と強者の間には種の異なる動物の間に見られるほどの格差がある。この格差を無視して同じ倫理を強制することはできない。

弱者はむりに背のびをせず、弱者らしく生きることである。ゴマスリもよし、人の足を引っぱるもよし、だますもよし、強者にへばりついて甘い汁を吸うもよし、臆するところなく卑劣に生きればよい。

逆に強者は、腹いっぱいにフジツボをつけてゆうゆうと大海を泳ぎまわっているクジラのように、弱者の甘えと卑劣さを許すべきである。強者たるもの、自分に寄生してくる弱者に目クジラを立てるがごとき心の狭さがあってはならない。強弱なかばするあたりにいる者は、助け合いの精神で、相利共生的生き方を選ぶといったところが妥当ではないだろうか。

8章　生存のエコロジー

似たもの同士は手ごわいライバル

ガウゼの仮説

〝ガウゼの仮説〟と呼ばれている法則がある。ロシアの生物学者G・ガウゼが、同じ培養液中で二種のゾウリムシを繁殖させようとしたところ、どうしても成功しなかった。必ず一種類は絶滅し、一種類だけが残るのである。このことから、属を同じくするか、属はちがっても生態的地位の似かよった二種類の生物は同時に同じ場所には住めないという仮説をガウゼはたてたのである。その後の研究によって、この仮説が必ずしも成りたたない場合があることが知られている。

しかし、少なくとも生物間では近縁の種の間ほど激しい競争が展開されるというのは事実である。考えてみれば、これは当然といえる。競争が成立するのは、競争者の間に同じ土俵が存在する場合に限られる。生物の場合でいえば、食物と住み場所が抵触しなければ、別に競争しなくてもよいわけである。

動物たちの間には、複雑な食物連鎖の網の目があって、無用な競争はうまく回避されている。なかで人間だけは、やたらにいろんな食物に手を出すので、さまざまの動物と競争になる。そして、もともとその食物を食していた動物をすべて、害虫、害獣扱いするのだから、動物たちにしてみれば、迷惑な話といえよう。

人間をのぞけば、動物たちはそれぞれ特有の食物を食べ、かつ移動の自由を持っているから、競争をあまりしないで共存することができる。ところが植物となると話は別である。移動の自由を持たない。そしてどの植物も地中から養分を吸いあげ、太陽光線を受けて同化作用を営もうとする。そこで、植物界では最もきびしい競争が展開されていく。

横浜国立大学助教授の宮脇昭氏が雑草群落について調べたところによると、一平方メートルの空地に発芽した雑草は全部で一万七〇七六本もあった。ところがこのうち、種子を生産するまでの大きさに成長できたものは、わずかに七六本であった。残りの一万七〇〇〇本は、そこまで育たないうちに枯死してしまったのである。一平方メートルの土地にある水分、養分、入射光は有限である。早く成長して、その専有権をにぎったものだけが生き残れるのである。植物の中には、競争に勝つために、ある種の有毒物質を出して、他の植物の成長を阻害するものもあるという。

植物型サラリーマンの競争は陰湿

このあたり、人間社会での競争現象にもかなり似たところがある話である。勝つために自分が強くなる以外に、相手の足を引っぱるという手もあるわけである。企業内でのサラリーマン社会における競争は、基本的に、同じ場所で同じ養分を奪い合う植物的な競争である。転職の時代が口にされてはいるが、まだまだ日本の社会では労働市場の流動性に乏しい。移動ができないうえに、企業内の日の当たる場所は有限ときているから、その競争は陰湿かつ苛烈なものになる。さまざまの手を用いて、競争に勝てなければ、植物社会での低木層や下生え植物のような地位に甘んじて一生を終えなければならない。

そんな競争がいやなら、植物型サラリーマンから、動物型サラリーマンに変わることである。転職によって移動し、住み場所を変えるのが一つの方法。もう一つは、他の人が食べない食物を狙うことによって競争を回避する方法。つまり、スペシャリストが少ない分野でのスペシャリストになる方法である。

過密も有害、過疎も有害

過密社会では障害がふえる

動物集団には、生存に最も適した密度があって、個体数がそれ以上になるのも、それ以下になるのもよくない。とりわけ、過密と過疎は致命的である。

過密がいけないのは、第一に食物不足に陥るからであることは、前に食物連鎖のところで述べた。

過密の害はそれだけではない。カキを養殖するときは、カキの幼生をバラバラに離しておく。自然のままの状態にしておくと、同じ場所に無数にくっつき、ごく一部のものだけが正常に成育し、残りは混み合った場所に体を合わせて細長い体形になったりして生き残ろうと努めるが、結局は個体数過剰のために死んでしまうのである。過密都会の子供たちが俗に青びょうたんと呼ばれるような情けない肉体しか持てないのと似た現象である。

過密状態は個体間のストレスを増加させる。その結果、さまざまの障害が起こる。アメリカのフィラデルフィアの動物園では、ある動物を繁殖させてやろうと計画し、どんどんふやしていったところ、それにつれて動物の心臓病が倍増してしまったという。ストレスの結果として、ある動物は生殖能力を減退させ、ある動物は成長速度が遅れる。また、いままでとも食いをしたことがなかった動物が、密度がある程度以上に高くなるとども食いをはじめるという現象もしばしば観察されている。ときには集団発狂でもしたかのごとく、水に飛び込んだりして集団自殺をとげる動物もいる。

最近、アメリカや日本の大都市で同性愛者が激増しているという話をきくが、実は、動物の間でも、過密によって同性愛に走るものがいるのである。

ストレス病、とも食い、集団発狂、同性愛いずれも東京をはじめとする大都市住民の間ではすでに起こりつつあることなのではないだろうか。

一人では生きられない

一方、過疎状態もよくない。

社会生活を営んでいる動物は、遺伝情報だけでは、生存に必要な知識を十分に得ることができない。サルを一匹だけ隔離して育ててやる。その後で、サルの集団の中に入れてやっても、このサルだけは、正常に性行為を営むことができない。あるいは、野山の植物の中から、食べられるものを選ぶといったこともできなくなってしまうのである。

高等動物ほど、遺伝情報より社会情報が重要な意味を持ってくる。人間が社会情報から全く隔絶された状態で育てられたらどうなるかについては、二、三の狼少年の実例の報告があるが、いずれもついに人間らしい人間に戻ることはできなかった。

カモシカは一五匹以上いると、オオカミなどに襲われたときに、一団となって攻撃から身を守ろうとし、被害を最小限に食いとめることができる。ところが一二、三匹以下だと、襲われたときにバラバラになって逃げだし、結局、片端からオオカミの餌食となってしまう。

また、チャドクガの幼虫は、ひと塊になってチャやツバキの葉を食べていく。ところが、これを二、三匹ずつ離して葉の上にはなしてやっても、葉をうまく食いちぎれなくて、飢え死にしてしまう。

動物が集団を作ることによって得られる利益はいろいろある。共同で食物を求める、敵から身を守るといったことのほかに、思いがけない相利作用がいろいろあるのである。

たとえば、水銀コロイド溶液の中に金魚を入れて、何分で死ぬかをはかってみる。金魚を一〇匹入れたのと、一匹入れたのとでは、他の条件を同じにしておいても驚くほどちがう。一〇匹のほうは平均五〇七分、一匹のほうはわずかに一八二分なのである。これは金魚の体表から出る分泌粘液が毒物を吸着するためで、一〇匹入れたほうは、そのおかげで毒性がかなり緩和されるのである。

ミツバチは多数のハチがいっせいに羽を動かして蜜房の換気をする。扁虫類は、太陽の紫外線から身を守るために、固まって一匹あたりの体表面積を小さくする。

動物の学習速度も、集団をなしているときのほうが速いことが知られている。人間でも家庭教師より、学校のほうが学習効果があがるのである。

植物の種子をまくのでも、野菜の種子は巣まきといって五、六粒ずつまとめてまかれる。一粒ずつばらすより、そのほうが成育がよいからである。

引っ越しのチエ

動物は適正密度を保つために、さまざまの手段を講じている。過密になったときに、集団自殺やとも食いをしたり、成長速度、生殖能力を遅らせるというのもその一つの手段だが、手っとり早いのは、引っ越しである。

京都大学教授森下正明氏は、いくつかの池がならんでいる場所での、ヒメアメンボウの繁殖を観察した。ヒメアメンボウは、まず最も生活条件のよい池の、最も生活条件のよい場所に住みつく。そこが一杯になってくると、もう少し条件の悪い場所に住むものが出てくる。それもある密度を越えると、別のより条件の悪い池へ移っていく。

森下氏は、またアリジゴクでこんな実験もしている。アリジゴクは一般に細かい砂地を好む。そこで、半分は細かい砂、半分は粗い砂を入れた箱を用意して、そこにアリジゴクを放ってやる。はじめの数匹は例外なしに細砂区にいって住みつく。ところが、細砂区の住民数がある程度以上にふえると、こんどは粗砂区に住むようになる。

大都市周辺の人家の混み具合いと比べてみると面白い。他の条件がどんなによくても、過密状態であることは、住み場所としての価値を減ずるのである。

なわばりと序列

なわばり宣言

動物社会では、種内の秩序を維持するために、なわばりを作るか、順位をつけるか、あるいはそれを併用するかの道をとっている。

なわばりは、個体が持つ場合、つがいが持つ場合、集団が持つ場合に分かれる。個体の持つなわばりで有名なのは、アユのなわばりである。春になって川をのぼってきたアユは、なわばりを決めて、その中でだけ採食するようになる。なわばりの広さは三平方メートルから〇・三平方メートルほどである。お互いになわばりを尊重しあって、他のアユの領分のエサをつつくことはしない。境界線を破って侵入してくるアユがいると、それを追い出す。

雷鳥は、なわばりと順位制を併用している。四、五月の繁殖期になると、一つの山に住むオスの雷鳥が全部山頂に集まってくる。ここで、順位が決定される。鳥が順位を決めるのはつつき合いによる。つつくほうが高位で、つつかれるほうが下位。他のすべてをつつき、誰からもつつかれないものが第一位。第一位からだけはつつかれるが、他の者にはつつかれず、逆につつくというのが第二位。以下同様にして、他の全員からつつかれ、誰をもつつきかえせないのがビリになる。なかなか手続きが面倒なので、一つの山の雷鳥の間で順位が決まるまでに二〇日間もかかるという。

順位が決まると、一位のものが山頂付近、二位がそのすぐ下、という具合いに、上から順になわばりが決められる。なわばりが決まると、メスを自分のなわばりに引き入れてつがいとなる。つがいとなったあとは、メスもなわばりを積極的に防衛するようになる。鳥類は大体つがいでなわばりを持つ。というよりは、なわばりを持てぬオスのところには、嫁いできてくれるメスがいないのである。このあたり、人間のメスが、家つき、カーつき、ババ抜きと条件をつけて、オスとつがい、一旦家にはいってからは、なわばり防衛に懸命になるのとよく似ている。

集団の持つなわばりは、サルの社会で見られる。森のサルが毎朝大声で鳴くのは、自分たちのなわばりを周囲に宣言するためである。その大きさは、一七頭のホエザル集団で〇・五平方キロ、四〇頭のヒヒの集団で三九平方キロもあったという報告がある。サルだけでなく、北極オオカミの集団も、一群れが二五九平方キロにも及ぶなわばりを持っている。そして、このなわばりの周囲を定期的に巡回しては、境界線に小便をして歩く。犬が電信柱に小便をして歩くのもこれと同じで、なわばり宣言のためである。

人を使うにはなわばりを与えよ

他のあらゆる動物にまして、人間はなわばりにうるさい。大きいほうからいえば国家。国家間でのなわばり侵害があると、たちまち殺し合いがはじまる。つづいて、大小の地方自治体。お役所。企業の各部課から、各個人にいたるまで、すべてなわばりが決められている。よく官庁のなわばり根性を紙面で叩く新聞社にしてからが、内部では激しいなわばり争いをしている。社会部、政治部、経済部など、それぞれよその部がちょっかいを出してこようものなら、たちまちケンカになる。

家のなわばり。隣の犬が庭に侵入してきたり、隣の家の木の葉が落ちてきたりしただけでもいさかいがもちあがる。亭主の愛人に、〝このドロボーネコ！〟とつかみかかる女房は、愛情だけが問題なのではなく、なわばりを侵害されたくやしさが大いに働いているのである。家の中での、嫁姑の争いというのもなわばり争い。母親が机の抽出を開けたといって憤慨する子供も、なわばりを侵害された怒りを表明しているのである。

これほどまで人間の本性に深く根ざしているなわばり根性は、やはり大切にしなければならない。なわばりなく、私有財産否定の社会的な実験がこれまでのところすべて失敗しているのも、このなわばり本性に反していたがためだろう。その意味では、共産主義も、〝新しき村〟も同じ愚を犯している。また同じ意味で、性の解放による家族制度の破壊も夢に終わるだろう。

このなわばり本性を逆用すれば、人の使い方も楽になる。どんな無能な人間でも、その人なりのなわばりを設定してやって、そのなわばりを尊重して侵害せず、その中では、主権をふるわせてやれば、大抵の人間は喜々として働くものである。人使いがうまいといわれる人間の人の使い方をよく見ると、例外なく、このなわばり本性をうまく利用している。

順位が維持する集団秩序

なわばりを横の並列的な関係とすれば、順位は縦の上下関係である。

サルの社会は順位制のきびしさで知られている。上位のサルは、採食、性交などすべての点において優先権を持つ。下位のサルが性交中に上位のサルが近づいてくると、下位のサルは行為を中断して、メスを置いて逃げだすほどである。

サルの順位づけは、マウンティングという動作によって行われる。二匹のサルが出会う。劣位のサルはクルリと後ろを向いて、四つんばいになり、お尻を突き出す。これをプリゼンティングという。優位のサルは、ゆうゆうとその背中に前脚をのせる。つまり、性交の体位と同じスタイルをとり、劣位のものはメスの位置にたつわけである。どちらのサルもプリゼンティングをしないと、闘争がはじまる。そして、敗北したものがプリゼンティングする。

牛は角の突き合いで順位を決める。四国で行われている闘牛は、この順位決定戦を見せ物にしたものである。シカも角を突き合い、ニワトリは突つき合いで順位を決める。一旦決められた順位は、ほとんど変更されることはない。そして、生活のすべての面にこの序列が反映してくる。ニワトリでいえば、えさの拾い方はもとより、とまり木の眠り場所の選び方にも順位を無視できない。

マウンティングやつつきの儀式は、順位を確認するためにしばしば行われる。それによって下剋上も起こらず、集団の秩序は安定し、平和な生活が営まれてゆくのである。

複雑な人間の順位制

人間社会の順位制は、動物社会の中ではいちばん複雑な仕組みになっている。

人間は自意識過剰の動物で、いずれ劣らぬ肥大した自尊心をかかえている。したがって、集団の秩序を維持するために最も有効な方法は、その自尊心を厳密な順位づけの下に圧（お）しつぶしてしまうことではなく、複雑怪奇であいまいな順位制の中で、なるべく多くの自尊心を満足させてやることなのである。

動物はすべて腕力一本で順位づけをしてしまうが、人間は順位づけの種目をやたらと多くする。個人の意識の中では、しばしばその種目は非公認のものにまで拡大され、その結果、どんな人がどんな人と自分を比べても、この点にかけては自分が上だという種目を持つことができるようになっている。

種目が多すぎるので、こんどはその種目の順序づけが問題になってくる。財力と知力ではどちらが上位か、感情の豊かさと統率力ではどうか、着るもののセンスと味覚のセンスではどうか、といった具合いである。種目間の順序づけが、それぞれの人の価値体系を作る。人びとの間で、価値体系に関して常に議論が割れるのも当然である。

ともかく、こうして人びとはそれぞれ別の価値体系の中で、勝手な順序づけを楽しみ、それに加えて、適当ななわばりを自分の周囲に作って、自尊心を満足させて平和な暮しを楽しむことができるわけである。

人間社会における順位制で、かなり普遍性のある種目は、所属組織における権力順位と、収入の高による財力順位である。この二種目で下位になったものは、自尊心を満足できず、コンプレックスを持ちやすい。

コンプレックスをのがれる手段は二つしかない。一つは死にもの狂いで、その順位戦に勝って上位にのぼること。もう一つは、この二種目が下位になるような価値体系を独自に（あるいは仲間と共同で）作ってそれを信奉し、二種目にこだわる人をバカにすることである。どちらかといえば、後者のほうが楽でいいだろう。

出し入れが激しい動物ほど生活は豊か

生物経済論

生態学の一つの分野に生物経済論と呼ばれる分野がある。生態系における物質、エネルギーの移動を数量的に把握しようとする学問である。

たとえば、動物における物質交代を次のような算式から考えていく。

摂食量－不消化排出量＝同化量

同化量－呼吸量　　　＝成長量

呼吸量は生活に費やされるエネルギーである。呼吸量以上の同化量がなければ、赤字経済となって破産する。マイナスの成長量がつづく結果、その生体は死に至る。これは、植物では光や塩類の不足、動物では摂食量の不足などによってもたらされる。環境条件の悪化が起きた場合、または老衰期にはいった場合である。成長量がプラスを示すのは、未成熟の時代だけである。成体になれば、同化量と呼吸量はつりあい、成長量ゼロの状態がつづく。

同じ成長量がゼロの場合でも、二つのケースがある。一つは同化量が多く、呼吸量も多い場合。もう一つは、同化量、呼吸量ともに少ない場合。動物について観察すると、前者のタイプほど進化の度が高く、その営む生活も豊かなのである。昆虫などの無セキツイ動物は後者のタイプ。魚類のような下等セキツイ動物になると、かなり同化量も呼吸量も増してくる。そして、セキツイ動物の中でも、哺乳類のような恒温動物になると、飛躍的にこの量が増大する。変温動物なら、冬はのんびり冬眠して食わず、動かずの生活をしていればよいのだが、恒温動物は、冬も食物を求めてせっせと働きつづけねばならない。

ケチは貧しい

一方、〝大きさと代謝率の反比の法則〟というのがある。小さい生物ほど、重量当たりの物質代謝の割合が大きくなるという法則である。小さいほど、重量比の体表面積が大きくなり、熱の発散がそれだけ大きくなるからである。

哺乳類でいちばん小さい動物はトガリネズミである。小指の先ほどの大きさで、体重は三～五グラムであるが、これくらい小さいと、一日に少なくとも体重の一・五倍は食べなければならない。多いときは体重の八倍もたいらげてしまう。人間でいえば、五〇〇キロ近い食事の量ということになろうか。トガリネズミにとっても、これだけの餌を得るのは容易なことではない。一日に睡眠二時間、残りはただひたすら走りまわって、ミミズなどをつかまえては食べ、つかまえては食べして、一年半ほどの寿命を終えるのである。いわば、資本に当たる現存量が小さいから、成長量がマイナスになると、たちまち底をついてしまうのである。その点人間になると、何も食べなくても、自分の体を食いつぶしていれば、一〇週間ぐらいは生きつづけることができる。

このあたり、人間の家計によく似ている。家計規模の小さい貧乏人は、夜も眠らず必死で働きつづけねばならないが、金持は時に多少の赤字を出しても、あわてず生活がつづけられる。

一九五七年、スエズ動乱が解決した後に、世界の海運業界は大不況に陥った。中小業者は船賃をダンピングしても契約を取ろうとしたが、世界一の大船主、オナシスはダンピングよりは持船を遊ばせておくことを選んだ。そのために、毎日四万ドルの赤字を出していた。この不況を切り抜けるために、少しは贅沢な私生活をきりつめるかと新聞記者に問われて、オナシスはこう答えている。

「バカいっちゃいけないね。オレは三億ドルの資産を持ってるんだ。一日四万ドルの赤字が出ているところに、たかだか数千ドルを節約するために、車を売り払ったり、使用人をクビにしたところで、なんのたしになるというんだ。オレの船が遊んでいるといったって、たった六隻だ。一〇隻しか船を持たない奴ならあわてなくてはならんだろうが、オレは一〇〇隻のタンカーを持ってるんだぜ。」

ただ、金持といっても、もっぱら貯めこむのをこととする人間の生活内容は貧しい。それは、いってみれば成長量がいつまでもプラスの状態を保たせているということで、未成熟期の性向を残しているということにほかならない。

一つの生態系全体についても、もう少し複雑な算式から、その系内での有機物の総生産量、総消費量が計算される。もし、その系が若い状態にあれば、生産量のほうが大きく、蓄積がすすみ、その系はより多くの消費者を生む方向に遷移していく。そして、生産と消費がつりあったときに、その系は生態的極相に達し、安定するのである。

これを、国際経済の動きに当てはめてみると、面白い相似が見られる。外貨がどんどん蓄積していく日本は、まだ遷移途上にある若い国である。それに対して、ドル、ポンドの流出に悩む米英などは、すでに極相を過ぎて老衰期にはいった国といえるだろう。

ミクロの環境を見きわめよ

生物の分布は環境条件によって支配されている。その条件の中でも、気候はきわめて重要な意味を持っている。

気候を問題にするとき、気象学でいう気候以上に重要なのが微気候である。微気候というのは、きわめて狭い範囲の気候条件のことである。同じ場所でも、たった一メートル離れただけでも、あるいは、地表からの高さが少しちがっただけでも、温度、湿度、風通しのよさ、光の強さなどがちがってくる。

山脈の北と南では気候条件がガラリとちがうように、そのへんにころがっている石の北と南のミクロの気候を調べてみると、やはりガラリと変わっているのである。微小な生物のレベルで調べてみると、一つの石のこちら側に住むものと、向こう側に住むものとでは全くちがうのである。

これは気候だけではなく、あらゆる環境条件についていえることである。一見同じ条件のように見える場所でも、ミクロの眼で見ると、驚くほどのへだたりがある。『木曽王滝川昆虫誌』の著者、故可児藤吉氏が梓川に住む昆虫の生態を調べたことがある。梓川水系の昆虫は約一五〇種。これがまず、上流、中流、下流でそれぞれ別の集団を作っている。そのそれぞれの部分がこんどは瀬の部分と淵の部分に分かれる。この両者の間では住む種類が画然とちがう。

瀬の川底は大部分石からできているが、その石の表面に住むものと、石と石の間に住むものとは、また画然とちがうのである。石の表面には、体が平たいものや、流線形のものでないと、流れに押し流されてしまって住めない。石と石の間に住むのは、頑丈な足を左右に出っ張らした大型の昆虫で、石の間をはいまわって生活している。

アメリカのフロリダ海岸には五種類のサギがいる。ササゴイは、マングローブの根にとまっていて、浅瀬にあらわれる魚をじっと待っている。ルイジアナサギになると、魚を追って浅瀬を渡り歩く。シラサギはただ歩くだけでなく、水をかきまぜて、魚を追いたてる。ベニサギは、まず水を動かして魚を驚かす。水に翼を広げて陰をつくり、魚が安全な隠れ場所とまちがえて寄ってきたところを捕えてしまう。足が長いアオサギは、他のサギが来られないような深い場所にいって魚をつかまえる。

このように、似たような生物でも、微妙なちがいをもって、微妙にちがう環境を住みわけているのである。

人間というのは、一つの種でありながら、その能力、特質など愕然（がくぜん）とするほどの個体差を持つ生物である。そして、人間の生活環境、労働環境は、一見同一条件のように見えるところにも、微気候、微環境のちがいがある。これをよく見きわめて、自分の住み場所、働き場所を決めないと、陸に上がった魚のようにアップアップしなければならなくなる。ノイローゼになって会社をやめたいといいだした女の子の机の配置を一つずらしただけで生気を取りもどしたという例もある。

エピローグ――自然を恐れよ

複雑多様な自然

最後に結論としていいたいことは、自然をもっと恐れよ、ということだ。いたずらに恐れよというのではない。畏怖すべきものだといいたいのである。

自然は、われわれがとらえたと思っているものより、常により広く、より深い。――私はここで〝自然〟ということばを、自然科学が対象とする自然よりも広い意味で使っている。自然というよりは、現実のすべてとでもいったほうがよいかもしれない。

自然をとらえようとするとき、われわれはどんな操作をほどこすだろうか。それは、抽象化、単純化、数量化などである。そのそれぞれの操作のたびごとに、とらえようとした現実の自然はのがれ去り、ゆがめられた自然のモデルが残る。

現実の自然は常に具体的で、無限に複雑かつ多様で、そこには測定不能のもの、つまり数量化できない要素が満ち満ちているのである。

人間が直観的に理解できるのは、三次元の空間までである。これを、関数のグラフ化ということと結びつけて考えてみると、人間は三つの座標軸を持った空間の中にある関数しか直観的に把握できないということになる——むろん、直観的な把握ということを抜きにすれば、次元がいくらでも高い位相空間を考えることができるし、それを扱う数学もある。

そこで、自然科学の実験では、多くの因子がかかわる事象でも、他の条件は一定の状態を保ったままで、変量はいつも一つか二つにとどめる。

自然科学だけではない。人間が現実を考察するときは、たいてい可変量を一つか二つにとどめ、残りについては判断中止しておくものである。

文明はフィクション

恋愛心理小説に登場する人物は、いつも恋愛者として登場してくる。現実の恋愛における登場人物は、生活者である。だから、小説の恋愛における葛藤は、現実の恋愛における葛藤とはどこかちがう。現実の恋人たちの間に起きる葛藤には、二人の生活者としてのすべての背景がからんでいる。もし、そのすべてを描ききろうと思うなら、一つのできごとを描くためにも、百科事典ほどの紙数が必要になろうし、また、時間的にも空間的にも現実には一点において起きたことを、文章の上では継時的に書いていくという操作を加えなければならないため、結局、支離滅裂のこととなり、読む者には、著者が何を書きたいのかわからないことになってしまうだろう。

だから、どんなに複雑なからみ合いを描いた小説でも、それは数学的にいってみれば、位相空間の事象を三次空間に投影してみたようなものでしかない。また、それでなければ、読者に理解できなくなってしまうのである。――現代小説における〝意識の流れ〟手法は、文学における位相数学のようなものだが、この手法の追求の果ては、ちょうど純粋数学が、純粋数学者の間にしか理解者を獲得できないところにきてしまったのと同じように、文学マニアの間にしか読者を得られないところまできてしまっているようだ。

結局、小説がフィクションでしかありえないのは、それが現実を読者に理解可能な次元にまで投影しなければならないというところにある。

自然科学も、自然のモデル化という投影操作を抜きにできない以上、いかにそれが科学的に見えようとも、現実に対しては、一種のフィクションでしかないのである。

科学の上にたてられた技術も、技術の上にたてられた文明も、同じような意味で壮大なフィクションなのである。文明の中に生きる人間は、いつのまにかフィクションの中に生きることに慣れきってしまって、現実を畏怖することを忘れてしまっている。そして、フィクションと現実との間で、価値観を転倒させてしまっている。

〝不純物〟ということばがある。かなり悪いイメージを起こさせることばである。しかし、考えてみればすぐにわかることだが、現実の自然界に存在するのは不純物なのである。現実にあるものを、現実にあるがままには理解できず、かつそのままでは利用するだけの技術を持つことができなかった人間が、自分に理解できかつ操作できるような形に現実のものを変えた結果としてでてきたのが、純粋なものなのである。

理論は常に純粋なものを扱うが、技術はものを現実に操作する必要上、かなり純度の低いものまで扱う。ここで現われてくるギャップが、いわゆる理論と実践のギャップであり、技術の面でいえば、工業化、企業化にともなう公害などの問題である。

純粋な人間の代名詞のごとく使われている『白痴』のムイシュキン公爵はついに狂気に取りつかれざるをえなかった。純粋さの上にたてられてきた文明も、発狂寸前の段階にきている。われわれはもっと不純になり、不純なものの扱い方を学ばねばならない。

合理主義のムダ

悪いイメージのことばとして、〝ムダ〟、〝ムラ〟ということばがある。企業での生産性向上運動というと、すぐにこの二つの追放がスローガンにかかげられる。

これまた、身の回りどんな現実でもながめてみればすぐにわかることだが、現実はムダとムラに満ち満ちている。これに対して、人間の作ったものは、ムラなくムダなく、実にスッキリと、合理的にできている。まるで、自然の作るものよりは、人間の作ったもののほうが、はるかに上等なものであるかのように見える。だが、これまた人間の価値観の狂いにほかならない。

生態学がいくつかの面で解き明かしたように、現実の自然においては、ムダなものは一つもない。ムラと見えるものも、そのムラさ加減は現実の要請に従ったムラさ加減であるという意味で、逆に現実的には最も整然としたものであるといえるのである。

人間はむしろ、ムダがムダとしか見えず、ムラがムラとしか見えない自分を恥ずべきなのである。逆に、一見ムダなしと見えた人工システムが実は恐るべきムダをはらんでいるということを知るべきである。人工システムの合理性は、そのシステムの内部だけでの一面的な合理性である。トータルシステムとのかかわりの中で検討してみると、それがとんでもなく非合理であることがしばしばある。

公害企業は、企業の合理性の追求によって公害を生む。その結果は、人類全体にとって、むしばまれた健康、自然環境の破壊、ひいては人類の生存基盤の危機という恐るべきムダを与えている。もっと視点をしぼって、その企業の得失だけを考えてみても、企業イメージの悪化、それによる労働市場での不人気、社内のモラルの低下、公害防止のための予期せぬ出費などで、はじめから公害防止の経費をかけていた場合よりも多くの損失を出しているはずである。

なぜ、小さなムダは見えても、大きなムダが見えなかったのか？

それは合理性の追求が一面的だったからである。公害産業の場合には、経済主義的な合理性の追求がそれに当たる。しかし、より根源的には、現代文明の根幹にアルゴリズムがあるからではなかろうか？　どうもわれわれは数えられる合理性しか知らないできたようだ。

数量化できないものを恐れることと、数量化できないものに対処するチエを忘れていたようだ。

われわれがいま学ばねばならないのは、プロローグで紹介した包丁の刀さばきのように、自然の骨と肉のスジにそって文明という刀を走らせることである。アルゴリズム合理主義の砦による陣地戦ではなく、自然という〝敵〟の動きに応じて動く、ゲリラ戦術である。そして、合理主義を根底から検討し直す必要である。

進歩の方向と速度を考え直せ

同じように、進歩という概念についても、われわれはもう一度考え直さなければならない。

進歩とは、目的論的な方向性をもった変化のはずである。人間が進歩ということばを用いるケースをいくつか検討してみよう。漢字の読み書き能力の進歩、料理の腕前の進歩、よりこわれにくい時計を作る技術の進歩……こういった目的が明確に設定されている進歩はよい。だが、こうした日常的な、ミクロの進歩のベクトルの総和がどちらを向いているのか、その到達地点であるマクロの目的についての構想はあるのか――誰もそれを考えていないようである。

どうやら、人間はこの点に関しては予定調和の幻想に酔っているらしいのだが、現実には文明のベクトルは予定破局に向かっているような気がしてならない。そしてなお憂うべきことは、このベクトルの長さ、つまり速度がますますはやまりつつあることである。

生態学の観察する自然界での変化の速度は正常な変化であるかぎり緩慢である。生物は、あるスピード以上の変化には、メタボリズム機能の限界によってついていけなくなるからである。

進歩という概念を考え直すに当たって、生態学の遷移という概念が参考になるにちがいない。遷移のベクトルを考えてみる。その方向は系がより安定である方向に、そして、エネルギー収支と物質収支のバランスの成立の方向に向けられている。その速度は目に見えないほどのろい。なぜなら、系の変化に当たって、それを構成する一つ一つのサブシステムが恒常状態（ホメオスタシス）を維持しながら変化していくからである。自然界には、生物個体にも、生物群集にも、そして生態系全体にも、目に見えないホメオスタシス維持機構が働いている。

文明にいちばん欠けているのはこれである。それは進歩という概念を、盲目的に信仰してきたがゆえに生まれた欠陥である。進歩は即自的な善ではない。それはあくまでも一つのベクトルであり、方向と速度が正しいときにのみ善となりうる。

いま、われわれがなにをさしおいてもなさねばならないことは、このベクトルの正しい方向と速度を構想し、それに合わせて文明を再構築することである。

この本を書くにあたって、次の参考資料を用いた。

ピーター・ファーブ『生態』（タイム・ライフ）
オダム『生態学』（築地書館）
宮脇　昭『植物と人間』（日本放送出版協会）
沼田　真『図説植物生態学』（朝倉書店）
沼田　真『生態学方法論』（古今書院）
大竹昭郎『動物生態学』（共立出版）
宮地伝三郎『動物社会』（筑摩書房）
竹内　均・島津康男『現代地球科学』（筑摩書房）
半谷高久『社会地球化学』（三省堂）
ボールディング『経済学を超えて』（竹内書店）
『生態学汎論』（養賢堂）
『物質・生命・宇宙』（共立出版）
『地球の科学』（七〇年九月号）
『月刊エコノミスト』（七〇年九月号）
『手をつなぐ生きものたち』（読売新聞連載）

文庫版あとがき

本書は、今から二〇年前、私が三〇歳のときに書いた事実上の処女作である。

はじめ本書は、日本経済新聞社から、日経新書の一冊として、『思考の技術』のタイトルのもとに、一九七一年に出版されたものである。その後ロングセラーの座を保っていたが、一九八三年に絶版となって今日にいたっていた。

今回、中央公論社から、これを中公文庫におさめたいとの申し出があり、有難いプロポーザルとは思ったものの、何しろ二〇年前に書いた本であるから、内容的に少し古くなってはいないかと心配だったので、あらためて初めから終りまで読み直してみた。しかし、幸いなことに、引用されているデータこそ古くなっているものの、内容的にはいささかも古くなっていないことが確認できて、安堵した。一つだけ、地球の温暖化と寒冷化について述べたところ（一一三ページ）では、当時と状況が逆転しているため、補註の形で新しい情報を付け加えてある。

その他の、データが古くなっている箇所については、敢て手を入れず、執筆当時のまとした。手を入れるだけの時間的余裕がなかったということもあるが、それより、もともと本書は、目新しい情報を伝えることを目的とした本ではなく、ものの見方、考え方について論じた本であるから、データが多少古くなっても、本質的にはあまり影響があるまいと思ったからである。

データは書きかえなかったが、客観状況はどんどん悪化している。だから、データが提示されている部分を読むときは、いつも、それが今は何割増も、あるいは何倍もひどいことになっているのだということを頭において読んでいただきたい。

たとえば、世界人口は、当時は三六億人だったが（六一ページ）、現在は五〇億人をこえている。四割近くも増加しているわけだ。あるいはプラスチックの生産量（七八ページ）を見ると、六九年の世界総生産量は二七〇〇万トンだったが、八六年にそれは七九〇〇万トンと、約三倍になっている。日本の生産量は六九年に四二〇万トンだったのが、八八年には一一〇〇万トンと二・六倍にもなっている。当時のOECD予測（七八ページ）よりは伸びのテンポが遅いが、それにしても恐るべき量になっている。

ゴミの量にしても、当時、東京都のゴミが一日九六〇〇トンだったのが（七二ページ）、今では一万六四〇〇トンである（八八年）。これは一般ゴミだけで、これに産業廃棄物が一日五万六〇〇〇トンも出るのだという。

年間に廃棄される自動車は、七〇年当時年間一三〇万台だったが（七三ページ）、現在（八九年）は年間四六〇万台である。

それにしても、何という事態の悪化ぶりであろうか。私は先に、本書の内容が二〇年を経ても古くなっていなかったことをもって、〝幸いにも〟と書いてしまったが、これはもちろん、手を入れる手間についていったことであって、客観的状況については、むしろ逆である。内容が古くならなかったことは、不幸であるとしかいいようがない。事態がとっくに改善され、本書で書いたようなことはすでに時代遅れの認識で、二〇年も経て本書を再刊する意味などまるでないという状況になっていたほうがはるかに幸いだったろう。

データこそ古くなったが、内容的にはいまでも正鵠（せいこく）を射ているということは、文明のベクトルの方向が当時も今もまるで変わっていないということである。そして、事態は一層悪化し、危機は一層深刻化していく。

しかし幸いなことに（今度こそ本当に幸いなことに）、徐々にではあるが、最近、ようやく事態が変わりそうなきざしが見えてきたような気がする。

環境問題が深刻化する中で多くの人が危機感を持ちはじめ、いまや環境問題はサミットの議題にまでのぼるようになった。フロンガスや二酸化炭素の排出に関する国際規制案を作るための国際会議も重ねられている。このような状況変化は、二〇年前、ここに書いたようなことを認識している人はきわめて少数派だったのが、今ではかなりの人々が、その認識を共有するようになったということを示しているだろう。

しかし、それではまだ足りない。机上の議論にとどまらず、現実の状況を変えていかねばならない。泥縄式の対策を積み重ねるだけでなく、本当に文明のベクトルを変えていかねばならない。

そのためには、エコロジカルな思考が万人の常識になっていかなければならない。その意味において、本書が文庫版で再刊される意義は大きいと思う。

文庫版化にあたって、タイトルを「エコロジー的思考のすすめ」とし、原本のタイトル「思考の技術」は副題とした。二〇年前には、エコロジーとタイトルに入れてもわかる人は少ないだろうということで、こういうタイトルを付け、副題に「エコロジー的発想のすすめ」と振ったのだが、今では、エコロジーということばは大ていの人が知っており、エコロジカルな要素を取り入れた商品開発やイベントすらあちこちでよく見られるようになった。しかし、エコロジーがそれだけポピュラリティを獲得しても、エコロジーとは何かを本質的につかんでいる人は依然として少数派であるように思える。本書でも書いたように、エコロジー知らずのエコロジストが多いような気がする。エコロジーがこれだけ世に知られるようになった今こそ、本書をもっと多くの人に読んでいただきたいと思う。

一九九〇年十一月

立花　隆

解説　エコロジー的思考で捉える人間社会の現実

佐藤　優

自然をもっと恐れよ

立花隆氏（一九四〇年生まれ）は、「知の巨人」だ。田中角栄の金脈、日本共産党の闇の歴史、新左翼過激派の抗争など、これまでタブー視されてきた政治的テーマに切り込んだ作品は、政治に関心を持つ人にとって古典になっている。また、生命科学、宇宙論でも知的刺激に富んだ作品を発表している。

この解説では、立花氏が、一九七一年、三十歳のときに上梓した事実上の処女作『思考の技術――エコロジー的発想のすすめ』（日本経済新聞社）を手掛かりに、同氏の思考の特徴を見ていきたい。なぜなら処女作には、作家がその後、展開していく内容が萌芽の形で含まれているからだ。本書は、一九九〇年に『エコロジー的思考のすすめ——思考の技術』と改題され、中公文庫に収録された。文庫版あとがきで、立花氏はこう記している。

〈データが古くなっている箇所については、敢て手を入れず、執筆当時のままとした。手を入れるだけの時間的余裕がなかったということもあるが、それより、もともと本書は、目新しい情報を伝えることを目的とした本ではなく、ものの見方、考え方について論じた本であるから、データが多少古くなっても、本質的にはあまり影響があるまいと思ったからである〉（二四二ページ）。

人工知能（ＡＩ）の可能性について、この時点での立花氏は懐疑的だった。また、ジェンダー観についても現時点の基準に照らすと、違和感を覚える箇所がある。しかし、そのような記述をあえて書き改めずに、その時点での自らの限界をきちんと残すという姿勢を立花氏は選択したように思える。本書は、立花隆研究の原点になるテキストなので、上書きせず原型を残す方が知的に誠実な態度だと思う。

立花氏が本書を通じてわれわれに投げかけているのは、「自然をもっと恐れよ」というメッセージだ。

〈結論としていいたいことは、自然をもっと恐れよ、ということだ。いたずらに恐れよというのではない。畏怖すべきものだといいたいのである。

自然は、われわれがとらえたと思っているものより、常により広く、より深い。――私はここで〝自然〟ということばを、自然科学が対象とする自然よりも広い意味で使っている。自然というよりは、現実のすべてとでもいったほうがよいかもしれない。

自然をとらえようとするとき、われわれはどんな操作をほどこすだろうか。それは、抽象化、単純化、数量化などである。そのそれぞれの操作のたびごとに、とらえようとした現実の自然はのがれ去り、ゆがめられた自然のモデルが残る。

現実の自然は常に具体的で、無限に複雑かつ多様で、そこには測定不能のもの、つまり数量化できない要素が満ち満ちているのである〉（二三二ページ）。

立花氏は、自然科学と人文・社会科学を統一的に捉えるべきと考えている。現下、日本では、高校から文系と理系に分かれるのが通例だ。大学入試の科目が文科系と理科系で異なるので、そうせざるを得ない。この文科系と理科系という区分は、十九世紀末から二十世紀初頭にドイツやオーストリアの大学で影響力をもった新カント派の発想に基づくものと筆者は見ている。ハインリヒ・ヨーン・リッカート、マックス・ヴェーバーなどの新カント派の思想家は、実験が可能な自然科学と、実験ができない人文・社会科学を区別した。自然科学では法則を定立することが目的になる。人文・社会科学においては、頭の中でモデルを組み立てて個性を記述することが目的になる。従って、法則定立型と個性記述型の「ふたつの科学」が存在することになる。このような制度化された科学の区分を立花氏はせず、広義の自然を対象とする単一の枠組みで捉えようとする。この方法は、シカゴ学派のプラグマティズムと親和的だ。

〈シカゴ学派においては、科学主義への依拠が顕著に認められる。ここで科学主義とは、この世界における物理的な事象、生理的な事象および心理的・社会的な事象のすべてが、なんらかの科学的な法則性によって（それもとりわけ自然科学的な法則性によって）、究極的には少なくとも一定程度まで説明可能であるとする立場のことをいう。いうなれば、物体の存在から精神の作用にいたるすべてを貫通する基本的な法則性を見出しうるとする立場が、ここでいう科学主義である。この意味で、シカゴ学派のプラグマティズムは「ふたつの科学」の必要を認めない。自然科学と人文科学といった区別を行なわない。彼らが求めたものは、物理と生理と心理と社会を貫通する統一的な科学的思想だった〉

（後藤将之「2　プラグマティズムの展開」『岩波講座　現代思想7　分析哲学とプラグマティ

ズム』岩波書店、一九九四年、三七〜三八ページ）。

シカゴ学派のプラグマティストと同様に立花氏も「ふたつの科学」を認めない。このような思考をする知識人がアメリカには少なからずいる。立花氏が『思考の技術』で展開した方法論を知ることで、アメリカ的思考に強くなることができる。

システムという視座

立花氏は、この世界における出来事をシステムとして観ている。専門分野に細分化されたアカデミズムの自然科学、人文・社会科学の知識では、事柄の本質を捉え損ねる危険があるからだ。〈科学はいつも局部しか問題にしない。というよりはせざるをえないのである。現実の事象は、あまりにも複雑にからみ合った関係であるために、そのすべての関係を考えに入れようとすると、こんぐらかるばかりでまとまりがつかなくなる〉（四三ページ）と立花氏は指摘する。そして、システムという視座から出来事を見直すべきと主張する。

その際に立花氏は、閉鎖システムと開放システムの違いを理解することの重要性を説く。

〈閉鎖システムというのは、いってみれば家庭マージャンである。誰が勝っても負けても、家族内でのやりとりはあるが、家の外からお金ははいってこないし、出ていくこともない。家全体の収支決算をすれば、必ずプラスマイナスゼロになる。ところが、メンバーのなかに一人でも外部の人がはいってくれば、その人の勝ち負けによって、お金がその家から流れ出していったり、はいってきたりする。こうなると開放システムである〉（五三ページ）。

立花氏は、閉鎖システムと開放システムをマージャンの例で説明する。そして、システムが円滑に運営される秘訣は以下の点にあるという。

〈システムの管理において、なにがとりわけ大切かといえば、開放システムにおいてはインプットとアウトプットをうまく調節して赤字にならないようにすることである。閉鎖システムでは、その構造上サイクルを描いているものだが、サイクルがうまく回転しつづけるようにしなければならない。

再びマージャンに例をとれば、いくら家庭マージャンでも、メンバーの一人が負けに負けつづければ、手持ちがなくなり、ゲームの続行ができなくなる。そとから客を呼んだ場合に、客に取られっぱなしでは家全体が破産する。

企業システムも国家システムも破産しないためにはすべて赤字を避けなければならない。人間だって食べる以上に働き続ければ、栄養失調で倒れてしまう〉（六二ページ）。

立花氏の発想は、フランスの思想家ミシェル・フーコーが提起した「生権力」という概念に近い。フーコーによれば、殺す権利という形で剝き出しの暴力（死権力）を特徴とする古い君主制の主権に対して、近代以降の政治権力は、人間の生を管理し、統制する生権力に転換した。生権力には、工場、学校、監獄などにおいて身体の規律化と訓育を目的とする解剖政治と、出生・死亡率の統制、公衆衛生、住民の健康への配慮などの形で、人々の生そのものの管理を目指す生政治という二つの形態がある。国家が国民に配慮し、教育や福祉に力を入れるのは、国民が疲弊してしまうと、国家が税を徴収するというゲームを続けられなくなってしまうからだ。新型コロナウイルス対策で、日本政府が国民に現金を給付したり、税の延納を認めているのも、国家というシステムを維持するためだということを、立花氏の『思考の技術』によって読み解くことができる。

自然のシステムを無視し、局所的な合理性を追求すると、悲惨な結果になることがある。その例として、中国の大躍進政策のときに展開されたスズメ退治をあげる。大躍進政策について、中国政治専門家の中嶋嶺雄氏の説明を見てみよう。

〈「毛沢東思想」に基づく中国の急進的な社会主義建設の試み。1958年後半の中国が社会主義建設の総路線、大躍進、人民公社という国内建設の三つの目標を同時に遂行しようとして掲げた「三面紅旗」のスローガンによっても知られている。

この政策は、「衆人こぞって薪をくべれば炎も高し」という諺を引いて推進されたとおり、そして当時「15年でイギリスに追い付き追い越せ」という国家目標が提示されたことにもみられるように、経済的に立ち後れている中国であっても、労働力（人間資本）の大量投入による人海戦術的な方式をとれば、生産力は急速に発展し、生産は飛躍的に増大する、というものであった。こうして「大いに意気込み、つねに高い目標を目ざし、より多く、より早く、より経済的に社会主義を建設する」という「社会主義建設の総路線」が精神的原則として提起され、1958年夏に出現した人民公社が農村における大躍進政策の実行単位として組織化された。この政策は熱狂的な大衆運動として展開され、短期間のうちに次々と生産目標が高められた。しかし農業生産力の客観的な限界を無視した政策の結果、中国農村は荒廃の極に達してしまった〉（『日本大百科全書（ニッポニカ）』小学館、ジャパンナレッジ版）。

大躍進政策では、四害駆除運動が展開された。四害とは、伝染病を媒介する蠅、蚊、ネズミと、農作物を食べてしまうスズメのことだ。スズメ退治がもたらした影響について、立花氏はこう解説する。

〈中国では、国をあげてスズメ退治をやったことがある。全国でいっせいにドラを叩き、サイレンをならし、スズメを脅して空に舞い上がらせ、力つきて落ちてくるまでドラを叩きつづけて地上に戻らせないという戦法である。はなはだ原始的な方法ながら、命令一下国をあげての運動だったので、大いに効果をあげた。しかし、その結果として、スズメに食われていた穀物より大量の穀物を、スズメの脅威をのがれた害虫によって奪われることになってしまった。それから数年間、中国の農業生産がガタ落ちした原因の一つは、このスズメ退治にあったといわれる。

食物連鎖は生態系の最も重要な一環である。これを一度乱すと、生態系全体が混乱し、安定をとりもどすのに時間がかかる〉（一三八ページ）。

政治家が、主観的願望で、自然を改変してしまうと、自然によって復讐されるのである。

植物学の知見を政治分析に応用する

立花氏は、植物学の知見を政治分析に応用する。植物の生育には、炭素、水素、酸素、窒素、硫黄、リン、カリウム、マグネシウム、カルシウム、鉄の一〇元素が必要だ。それらの必要元素のうちで、その場にある最も不足している必要元素が植物の生育を左右するというリービッヒの最小法則を立花氏は、政治分析に応用する。具体的には、一九六四（昭和三十九）年の池田勇人から佐藤栄作への政権交代だ。

〈昭和三十九年、池田前首相が病に倒れたとき、次の政権担当者を話し合いで決めるために、川島副総裁、三木幹事長が党内実力者を歴訪した。総裁候補としては、佐藤栄作、藤山愛一郎、河野一郎の三名の名があがっていた。このとき河野一郎は、自分が総裁になれることに絶対の確信をもっていたといわれる。しかし政権の座についたのは佐藤栄作だった。

これが河野一郎にとっては、政権への最後のチャンスであった。それから半年して、彼は病を得て急死している。たびたび政権獲得を噂されながら、河野一郎は、なぜ、総理になることができなかったのか。

政治家が一国の宰相となるために不可欠な因子が何であるか、誰も定式化した人はいで、党内での指導力、アメリカのホワイト・ハウス筋での評価、常に大義名分をわがものにする能力、健康であること、実際はともかく外見上身辺が清潔であること、マスコミを操縦できること、風貌においていかにも大物らしい貫禄があること、等々。すべてではないだろうが、ざっとこんなところが数えられる。

河野一郎はこれらの因子のうち多くの点で佐藤栄作にまさっていた。それにもかかわらず、清潔度、財界での人気などの点で決定的に劣っていた。佐藤栄作は総合得点はともあれ、最も弱い因子の得点で評価すると、河野一郎にはるかに抜きん出ていたのである〉（一六二～一六三ページ）。

佐藤栄作も決して清潔な政治家ではなかった。一九五四年の造船疑獄で逮捕されかけたことがあるからだ。同年四月二十日、検察庁は与党・自由党幹事長であった佐藤栄作を収賄容疑により逮捕する方針を決定した。しかし、翌二十一日、犬養健法務大臣は重要法案（防衛庁設置法と自衛隊法）の審議を理由に検察庁法第十四条による指揮権を発動し、検事総長に逮捕中止と任意捜査を指示した。これが法相による指揮権が発動された唯一の例だ。佐藤は在宅起訴されたが、一九五六年に日本が国連に加盟した際の恩赦によって免訴になった。このとき佐藤栄作が逮捕され、有罪になっていたならば、内閣総理大臣になる可能性はなかったと思う。もっとも造船疑獄で起訴された佐藤よりも、河野の方がはるかにダーティーなイメージがあったということだ。何事も比較の問題なのである。

検察と官邸のなわばり争い

立花氏は、動物行動学の知見を用いて、人間のなわばり意識の強さについて説明する。

〈他のあらゆる動物にまして、人間はなわばりにうるさい。

大きいほうからいえば国家。国家間でのなわばり侵害があると、たちまち殺し合いがはじまる。つづいて、大小の地方自治体。お役所。企業の各部課から、各個人にいたるまで、すべてなわばりが決められている。よく官庁のなわばり根性を紙面で叩く新聞社にしてからが、内部では激しいなわばり争いをしている。社会部、政治部、経済部など、それぞれよその部がちょっかいを出してこようものなら、たちまちケンカになる〉（二一九ページ）。

検察庁法改正をめぐる内閣と検察の暗闘の本質は、なわばり争いだ。もっともこのなわばり争いの背景には、民主主義をめぐる価値観の違いがある。一方に資格試験（司法試験）によって能力主義によって選ばれた、検察庁が正義の番人であるという考え方がある。検察官は政治家の恣意的介入を防ぐことで、民主主義が担保されると考えているのだと思う。他方に国民の直接選挙によって選ばれた国会議員が構成する内閣によって検察庁を含むすべての行政官庁の指揮命令が担保されることが民主主義にとって不可欠という考え方がある。検察庁法に関する政治家や有識者の発言で、筆者は吉村洋文大阪府知事の発言に最も共感を覚えた。〈弁護士出身の吉村氏は「政権に対する捜査などを緩めてしまうのではないか、介入じゃないかという意見もあるが、これは突き詰めて考えなければいけない。検察トップの人事権はだれにあるのか」と議論の前提条件を投げかけた。／「検察庁法で人事権は内閣にあると決められている。なぜか？　検察組織は強大な国家権力を持っている。強大な国家権力を持つ人事権をだれが持つべきなのかを本質的に考えなければいけない。僕は選挙で選ばれた代表である国会議員で構成される政府が最終的な人事権を持つのが、むしろ健全だと思う。もし検察組織が独善になったとき、だれがそれを抑えるのか。だれも抑えられない。最終的には人事権を持っている人でないと抑えられない」〉（五月十一日『日刊スポーツ』電子版）。

筆者は鈴木宗男事件に連座して二〇〇二年に東京地方検察庁特別捜査部に逮捕され、東京拘置所の独房に五一二日間勾留された。鈴木氏やその秘書、筆者の外務省の部下に対する恫喝まがいの取り調べの実態を熟知している。また、小沢一郎衆議院議員をめぐる事件では、元秘書の石川知裕氏（元衆議院議員）の捜査報告書が実際の取り調べの内容とは異なっていた事案（石川氏がICレコーダーで録音していたために明らかになった）についても内情を詳しく知っている。検察は、守秘義務がある捜査情報をマスメディアにリークして世論を誘導する。筆者自身がそれを経験している。検察庁に対しては吉村氏が言うように「選挙で選ばれた代表である国会議員で構成される政府が最終的な人事権を持つのが、むしろ健全だ」という考えが皮膚感覚として筆者にはしっくりくる。

検察庁の人事権を究極的に内閣が持つべきかという問題と黒川弘務・東京高検検事長が検事総長として適任かという問題は分けて考えるべきだった。もっとも安倍政権に近いとされている黒川氏は、新聞記者との賭けマージャンが露見して、五月二十一日に辞意を表明し、翌二十二日の閣議で辞任が承認された。黒川人事が実現せずに首相官邸は痛手を負った。同時に検察庁のナンバー・ツーである東京高検長が、刑事犯罪（賭博罪）を構成するおそれがある賭けマージャンという破廉恥事件で辞任したことにより、検察庁も決定的な打撃を受けた。これで首相官邸と検察庁のなわばり争いは、痛み分けに終わった。

私がこのように現状分析をする際にも立花隆氏が『思考の技術』で展開した方法が役に立っている。

二〇二〇年七月十一日

（作家・元外務省主任分析官）

本書は『思考の技術――エコロジー的発想のすすめ』（一九七一年　日本経済新聞社刊）の文庫版『エコロジー的思考のすすめ――思考の技術』（一九九〇年　中央公論新社刊）を再編集したものです。新書化に際して、佐藤優氏の解説を加えました。

本文中、今日の人権意識に照らして不適切な語句や表現が見受けられますが、執筆当時の時代背景と作品の文化的価値に鑑みて、そのままの表現としました。

本文DTP／今井明子

ラクレとは…la clef=フランス語で「鍵」の意味です。
情報が氾濫するいま、時代を読み解き指針を示す
「知識の鍵」を提供します。

中公新書ラクレ
696

新装版
思考の技術
エコロジー的発想のすすめ

2020年8月10日初版
2021年9月5日3版

著者……立花 隆

発行者……松田陽三
発行所……中央公論新社
〒100-8152 東京都千代田区大手町1-7-1
電話……販売 03-5299-1730 編集 03-5299-1870
URL http://www.chuko.co.jp/

本文印刷……三晃印刷
カバー印刷……大熊整美堂
製本……小泉製本

Published by CHUOKORON-SHINSHA, INC.
Printed in Japan ISBN978-4-12-150696-2 C1230